DIE

EISERNEN WASSERRÄDER

BERECHNUNG, KONSTRUKTION UND BESTIMMUNG IHRES WIRKUNGSGRADES

MIT ZAHLREICHEN BEISPIELEN AUS DER PRAXIS
ÜBERSICHTEN DER GRÖSSENVERHÄLTNISSE UND GEWICHTE SOWIE MITTEILUNGEN
ÜBER LEISTUNGSVERSUCHE

FÜR

INGENIEURE, WASSERBAUTECHNIKER UND WASSERWERKSBESITZER

VON

WILHELM MÜLLER

MASCHINENFABRIKANT, M. D. V. D. I.

MIT EINEM ATLAS VON 33 TAFELN: PLÄNE AUSGEFÜHRTER WASSERRÄDER

ZWEITER TEIL

DIE SCHAUFELRÄDER

MIT ZAHLREICHEN TABELLEN UND ABBILDUNGEN IM TEXT

LEIPZIG
VERLAG VON VEIT & COMP.
1899

Wasserrad-Anlage Heilbronn

Wasserrad mit Ueberfall 7 m Durchmesser, 2 m Breite, zum Betrieb der städtischen Mühle.

DIE

EISERNEN WASSERRÄDER

BERECHNUNG, KONSTRUKTION UND BESTIMMUNG IHRES WIRKUNGSGRADES

MIT ZAHLREICHEN BEISPIELEN AUS DER PRAXIS
ÜBERSICHTEN DER GRÖSSENVERHÄLTNISSE UND GEWICHTE SOWIE MITTEILUNGEN ÜBER LEISTUNGSVERSUCHE

FÜR

INGENIEURE, WASSERBAUTECHNIKER UND WASSERWERKSBESITZER

VON

WILHELM MÜLLER
MASCHINENFABRIKANT, M. D. V. D. I.

MIT EINEM ATLAS VON 33 TAFELN: PLÄNE AUSGEFÜHRTER WASSERRÄDER

ZWEITER TEIL

DIE SCHAUFELRÄDER

MIT ZAHLREICHEN TABELLEN UND ABBILDUNGEN IM TEXT

LEIPZIG
VERLAG VON VEIT & COMP.
1899

INHALT.

Die Schaufelräder.

Erster Abschnitt.

Zweiter Abschnitt.

Wasserräder mit Überfalleinlauf.

Konstruktionsgrundlagen.

Dritter Abschnitt.

Vierter Abschnitt.

Beispiele aus der Praxis.

Fünfter Abschnitt.

Besondere Radkonstruktionen.

Sechster Abschnitt.

Schaufelräder mit Kulisseneinlauf.

Siebenter Abschnitt.

Wasserräder mit Spannschütze.

Achter Abschnitt.

Die Schaufelräder.

Erster Abschnitt.

Über Effektverluste bei Schaufelrädern.

Nachdem im ersten Teil mit geringfügiger Ausnahme die Zellenräder behandelt worden sind, gehen wir nunmehr zu den Schaufelrädern über, welche geschichtlich betrachtet als die ältesten Wasserkraftmaschinen sich darstellen.[1] Ehe wir praktische Resultate ziehen, ist es notwendig, die Theorie der Wasserräder zu berücksichtigen, welche hauptsächlich das Ziel hat, zu ermitteln, welche Verhältnisse der Radelemente unter sonst gegebenen Umständen einen möglichst hohen Wirkungsgrad zur Folge haben. Es stellt sich somit die Aufgabe dar, den Wirkungsgrad eines gegebenen oder eines noch zu entwerfenden Rades als Funktion seiner Elemente annähernd auszudrücken, um darnach diejenigen Werte und Verhältnisse der Radelemente zu finden, welche eine möglichst große Ausbeute der absoluten Wasserkraft bei neuen Ausführungen gewährleisten. Dazu ist Kenntnis der Abhängigkeitsgesetze der einzelnen Effektverluste notwendig, welche bei Wasserrädern vorkommen. Es sollen deshalb zunächst die wesentlichsten Effektverluste bei Schaufelrädern allgemein besprochen und thunlichst zur Ableitung von Konstruktionsregeln verwertet werden. Die wichtigsten derselben können als Gefällsverluste, andere als Wasserverluste oder unmittelbar als bestimmte Teile des absoluten Effekts in Rechnung gebracht werden.

Effektverluste bei Schaufelrädern sind im allgemeinen abhängig:

1. von der Geschwindigkeit des Rades,
2. der Form der Schaufeln mit Bezug auf die Ein- und Austrittsstelle,
3. dem Einlauf, und
4. der Beschaffenheit des Kropfes.

Bei diesen Wasserrädern richtet sich der Anfang der Schaufel vorerst nach dem Wasseraustritt und soll hierbei ein Heben des Wassers oder Rückstau nach

---

[1] Von Vitruvius Pollio, dem Kriegsbaumeister unter Cäsar und Augustus, besitzen wir eine Beschreibung der ältesten Wassermühle, welche ungefähr zur Zeit um Christi Geburt vorhanden war. Die Wasserräder sind schon uralt; geschichtlichen Nachweisen zufolge seien sie den alten Ägyptern, Assyrern und Chinesen bekannt gewesen. Die ersten Wasserräder waren unterschlächtig und traten im 4. Jahrhundert n. Chr. in Deutschland auf; daselbst sollen auch die oberschlächtigen Räder erfunden worden sein.

Möglichkeit vermieden werden. Die Schaufelstellung, welche dem Eintritt gegenüber weniger Verluste verursacht, erweist sich in manchen Beziehungen jedoch als vorteilhafter, da der Unterschied der Geschwindigkeit zwischen Wasser- und Radbewegung an der Eintrittsstelle erheblich größer ist, infolgedessen jede Störung hier nachteiliger auftritt.

Die für den Austritt günstig gestellte Schaufel verursacht am Eintritt einen Rückstoß; der Wassereintritt ist deshalb mindestens ebenso wichtig, als der Wasseraustritt, da der Teil aller Verluste, welcher auf den Eintritt kommt, überhaupt der größere ist. Auf Grund zahlreicher Ausführungen empfehlen sich die Regeln:

Die Vorschaufel[1] stelle man nicht zu schief gegen den Eintritt, um Aufschlagen der hinteren Fläche derselben und Verspritzen von Wasser zu vermeiden; man mache dieselbe nicht zu lang, um die Eintrittsgeschwindigkeit nicht unnötigerweise zu vermehren, und vermeide zu stark gekrümmte Schaufeln, um keine großen und plötzlichen Geschwindigkeitsänderungen hervorzurufen, während das Wasser der Schaufel entlang eilt. Bei stark nach hinten schief gestellten Schaufeln legt sich das Wassergewicht mehr auf den Radkropf.

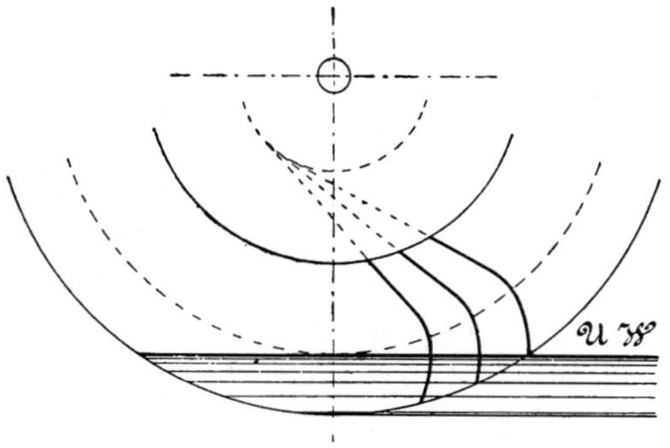

Fig. 1. Evolventenförmige Radschaufel.

Die Theorie empfiehlt, bei eisernen Schaufeln die Evolvente zu nehmen (Fig. 1). Bei Holzschaufeln sei die Form der Evolvente möglichst nachzubilden.

Es bezeichne:

v in m die Umfangsgeschwindigkeit des Rades i. d. Sek.,
m in m die relative Eintrittsgeschwindigkeit des Wassers, gemessen am Umfang des Rades i. d. Sek.,
c „ m die absolute Geschwindigkeit des Wassers beim Eintritt ins Rad,
Q die Wassermenge i. d. Sek. in Kubikmeter,
H das Gefälle in Meter,
h_1 h_2 h_3 . . . . . . die einzelnen Verluste in Meter Wassersäule auf die Sekunde und eine Wassermenge Q bezogen,
g = Beschleunigung der Schwere = 9,81 m i. d. Sek.

1. Eintrittsverluste.

a) Für den Verlust durch Umsetzen der Druckhöhe in Geschwindigkeit kann

$$0{,}1 \frac{c^2}{2g} \qquad (1)$$

genommen werden.

[1] Was mit „Vorschaufel“ bezeichnet ist, wolle S. 38 im Abschnitt: „Die zweckmäßigste Schaufelform“ nachgesehen werden.

Bei gewöhnlichen unterschlächtigen Räder liegt schon in der Art und Weise, wie das Wasser in das Rad eintritt, eine theoretische Unmöglichkeit, den totalen Effekt der Wasserkraft nutzbar zu machen. Damit das Wasser ins Rad eintreten und demselben folgen kann, ist bereits eine gewisse Arbeit notwendig, ein Verlust an lebendiger Kraft somit unvermeidlich; es ist Aufgabe des Konstrukteurs, diesen Verlust so klein als möglich zu machen.

b) Verlust durch Stoß.

Die relative Eintrittsgeschwindigkeit m wird im Rad durch Wirbel- und Stoßwirkung, deren Resultierende im allgemeinen in achsialer Richtung wirkt, vernichtet, geht deshalb für den Nutzeffekt zum Teil verloren. Der Verlust beträgt annähernd:

$$\frac{m^2}{2g} \quad \ldots \ldots \ldots \quad (2)$$

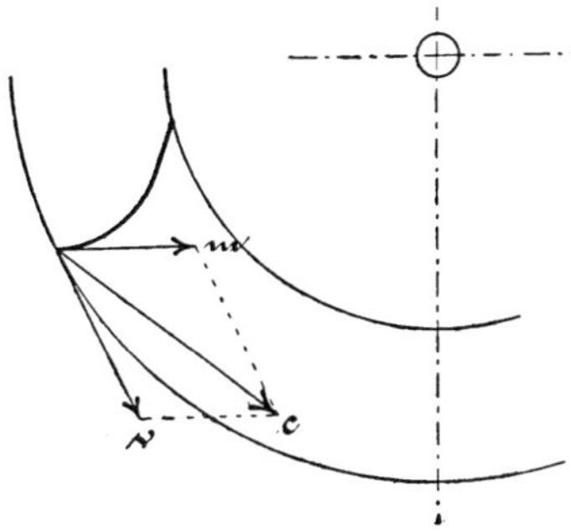

Fig. 2. Kräfteparallelogramm beim Eintritt.

Durch Bremsversuche ist nachgewiesen, daß die Stoßwirkung nicht ganz verloren gehen kann, indem ein Teil derselben im Sinne der Drehung auf das Rad übertragen wird. Je größer jedoch die Geschwindigkeit c, desto größer der Verlust; hieraus folgt die praktische Regel:

die Tourenzahl des Rades gering zu nehmen, damit eine kleine Eintrittsgeschwindigkeit gewählt werden kann.

c) Korrektion des Stoßverlustes.

Dieselbe besteht in Vermehrung der relativen Geschwindigkeit durch Einwirkung der Schwere von der Zeit an, da der Wassertropfen den Radumfang passiert, bis zu dem Moment, wo er auf die Schaufel aufschlägt. Sie kann annähernd nach Fig. 3 genommen werden und beträgt

$$\pm z \quad \ldots \ldots \ldots \quad (3)$$

Sie ist positiv oder negativ als Verlust oder Gewinn einzuführen, je nach Lage des Schwerpunktes s der Schaufelfüllung unter oder über der Mitte der Schaufelteilung.

Maßgebend ist hierbei die erste Schaufel, welche die beabsichtigte Füllung erhalten hat.

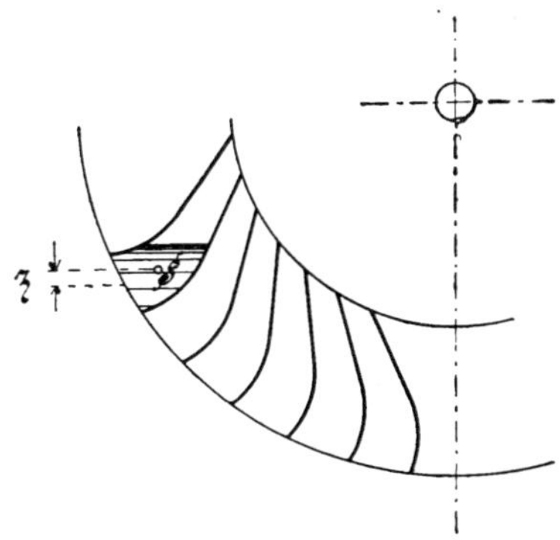

Fig. 3. Schwerpunktslage der Schaufelfüllung.

d) Ein weiterer Verlust entsteht dadurch, daß der Luft, die sich im Schaufelraum befindet, eine gewisse Geschwindigkeit erteilt werden muß, welche praktisch ohne Bedeutung ist. Dabei muß jedoch die Luft wirklich austreten können, so daß keine Pressung entsteht und den Wasserzutritt verhindert. Die Luft soll mit nicht mehr als 6 m Geschwindigkeit i. d. Sek. ausgetrieben werden.

2. Verluste im Rade selbst.

Diese Verluste entstehen durch Übertreten des Wassers von einem Schaufelraum in den anderen und seitliches Ausfließen.

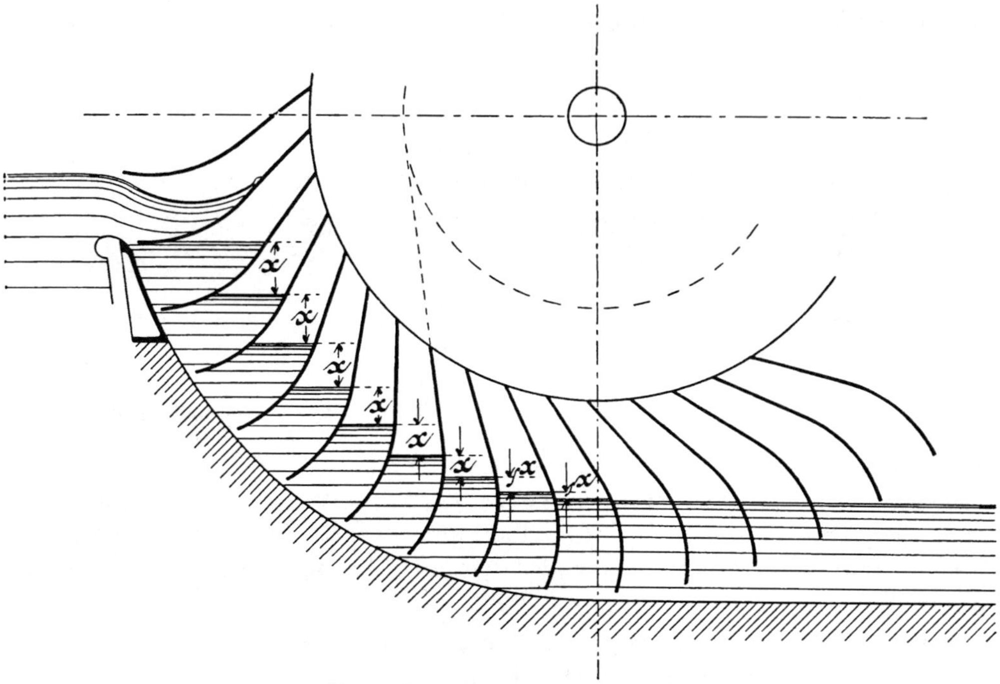

Fig. 4. Druckhöhen für Spaltverlust.

a) Verluste durch Spielraum unten an der Schaufel.

Sei in Fig. 4 h der Gefällsverlust für diesen Fall,
s der Spielraum zwischen Kropf und Schaufel,

so gilt:

$$\varepsilon \cdot \gamma \cdot x = Q \cdot \gamma \cdot h_1$$

$$h_1 = \frac{\Sigma \cdot \varepsilon \cdot x}{Q} \qquad (4)$$

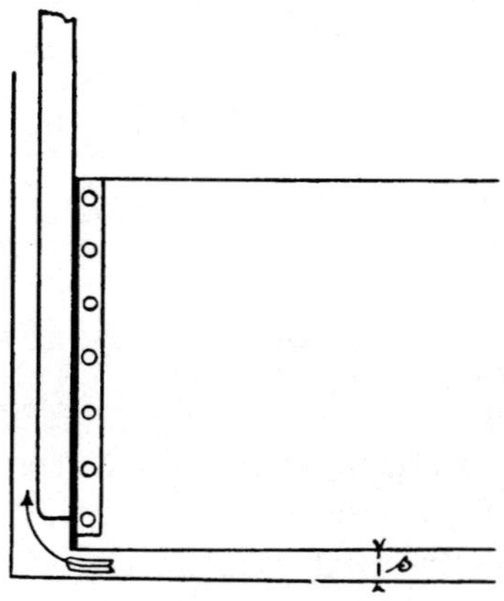

Fig. 5.

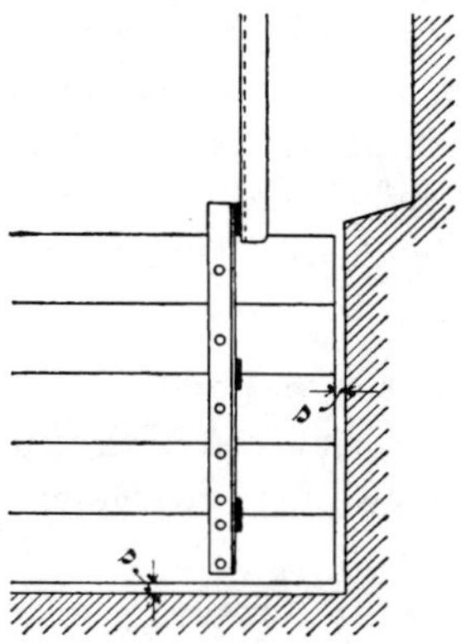

Fig. 6.

Da die Summe Σ aller x klein ist, so ist es gleichgiltig, welche Schaufelstellung gewählt wird, und wir können außerdem annehmen (ohne einen großen Fehler zu begehen), daß das Rad still steht.

Es ist nun:

$$\varepsilon = s \cdot b \cdot \sqrt{2g \cdot x \cdot \mu}$$

wo ε cbm = übertretende Wassermenge,
B = Radbreite,
μ = Ausflußkoeffizient = 0,6 für scharfkantige Schaufeln.

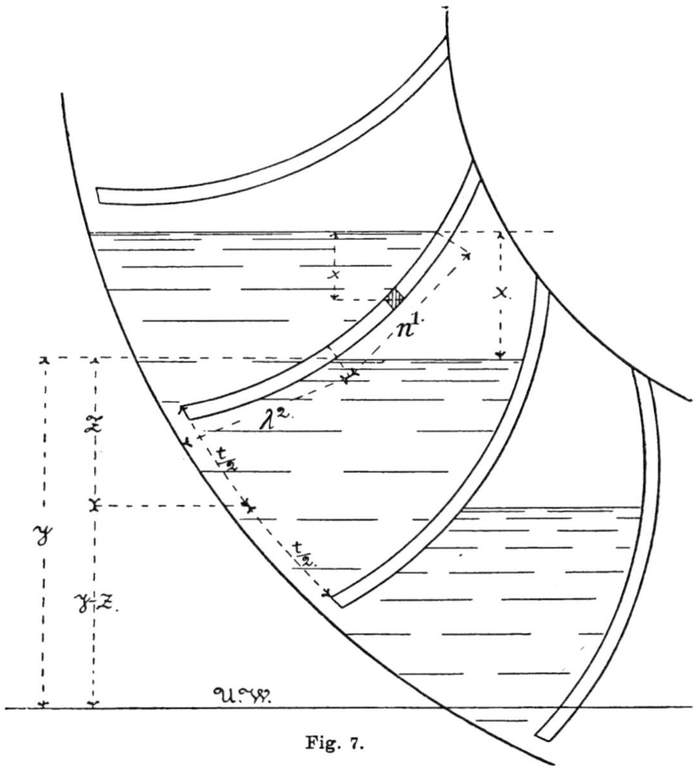

Fig. 7.

Durch Substitution erhalten wir:

$$s \cdot B \cdot \sqrt{2g} \quad \Sigma\left(\sqrt{x^3}\right) = \Sigma \cdot \gamma \cdot x = Q \cdot \gamma \cdot h_2 \qquad \ldots \quad (5)$$

$\gamma = 1000$ = spez. Gewicht pro Kubikeinheit,
s geht bei sehr guten Rädern bis auf 5 mm herab.

b) Verlust durch seitlichen Austritt.

Im ersten Fall, Fig. 5, ist

$$\varepsilon = \mu \cdot \lambda \cdot s \cdot \sqrt{2gz}$$

$$\Sigma \varepsilon \cdot y = \text{Verlust in Meterkilogramm}$$

$$h_3 = \frac{\mu \cdot \lambda \cdot s \sqrt{2gx}\, \Sigma\left(y\sqrt{z}\right)}{Q}$$

Im zweiten Fall, Fig. 6, ist nach Fig. 7

$$d\,\varepsilon_1 = \mu \cdot d \cdot \lambda \cdot s \sqrt{2gx}$$

$$\varepsilon_1 = \mu \cdot s \cdot \sqrt{2g} \int_0^{\lambda_1} \sqrt{x} \cdot d\lambda$$

Dieses Integral graphisch gelöst, indem λ_1 in gleiche Teile geteilt und je mit dem entsprechenden $\sqrt{x}$ multipliziert wird, so daß z. B. in nachstehendem Fall:

$$\varepsilon_1 = u \,.\, s \sqrt{2\,g}\, \frac{\lambda_1}{4} \left(\sqrt{x_z^{\mathrm{I}}} + \sqrt{x^{\mathrm{II}}} + \sqrt{x^{\mathrm{III}}} + \sqrt{x^{\mathrm{IV}}}\right)$$

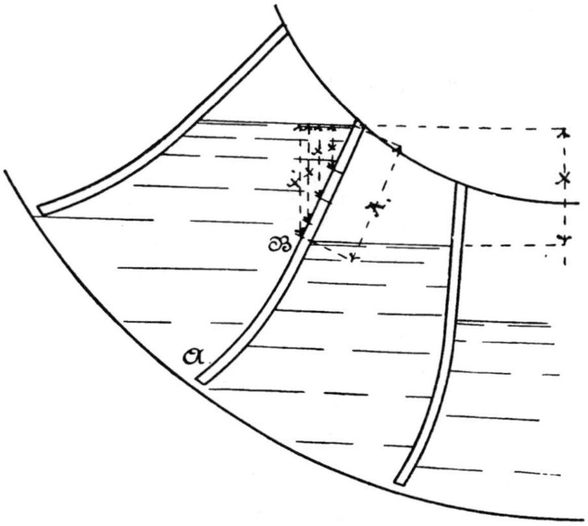

Fig. 8.

und der Verlust in Meterkilogramm:

$$\varepsilon_1 \,.\, y = Q\, h_{4_a}$$

$$= \mu \,.\, s \,.\, \sqrt{2\,g}\, \frac{\lambda_1}{4} \{\cdot \cdot \cdot \cdot \cdot\{ \quad . \quad (6)$$

Die Wassermenge, welche von A bis B (Fig. 8) übertritt, folgt aus:

$$d\,\varepsilon_2 = \mu \,.\, d \,.\, \lambda \,.\, s \sqrt{2\,g\,x_1}$$

wo x_1 konstant

$$\varepsilon_2 = \mu \,.\, s \,.\, \sqrt{2\,g} \,.\, \lambda_2 \,.\, \sqrt{x_1}$$

und somit der Verlust in Meterkilogramm:

$$2 \,\Sigma\, \varepsilon_2 \,.\, x_1 =$$

$$2\,\mu \,.\, s \,.\, \sqrt{2\,g}\, \Sigma \lambda_2 \sqrt{x_1{}^3} = Q \,.\, h_{4_q}$$

$$2 \,\Sigma\, \varepsilon_1\, y =$$

$$2\,\mu \,.\, s \,.\, \sqrt{2\,g}\, \Sigma \sqrt{x}\, d\,\lambda = Q \,.\, h_{4_a}$$

$$h_1 = 2 \frac{\Sigma\, \varepsilon_1 \,.\, x_0 + \Sigma\, \varepsilon_2 \,.\, x_1}{Q} \quad (7)$$

3. Verluste beim Austritt.

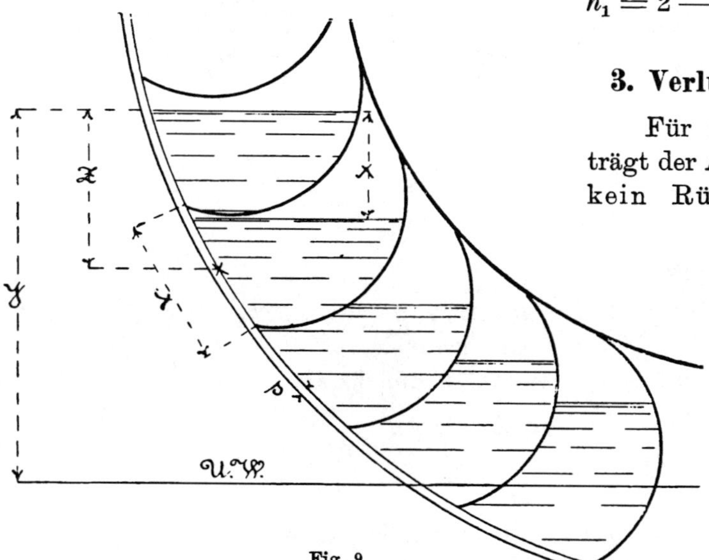

Fig. 9.

Für normale Anlagen beträgt der Austrittsverlust, **wenn kein Rückstau vorhanden** und die Schaufelform nach der eingangs erwähnten theoretischen gebildet ist:

$$\frac{v^2}{2\,g} \cdot \cdot \cdot (8)$$

Man ersieht hieraus, daß mit der Geschwindigkeit des Rades auch der Austrittsverlust wächst.

Weitere Verluste entstehen noch durch Reibung des Wassers am Kropf, durch schädliche Räume zwischen Schütze und Radumfang bei Überfallrädern, durch Reibung in den Kulissen bei Kulissenrädern und durch Hin- und Herschwingen des Wassers in den Schaufeln.

Man trägt deshalb den Unvollkommenheiten der Ausführung noch Rechnung durch Abrundung der gefundenen Werte.

Beispiel.

(Rad mit Kulisseneinlauf, Fig. 10, S. 10.)

Für eine Wasserradanlage sei:

$Q = 1{,}2$ cbm i. d. Sek.
$H = 2$ m
$v = 1{,}8$ m i. d. Sek.
$D = 5$ m durch örtliche Verhältnisse bedingt
$\varepsilon = 0{,}6$ Füllungsgrad
$B =$ Radbreite
$a =$ Radtiefe

so ist:

$$N_a = 10\, Q\, H \frac{4}{3} = 10 \cdot 1{,}2 \cdot 2 \cdot \frac{4}{3} = 32 \text{ Pferdekräfte}$$

$$a = 0{,}4 \div 0{,}5 \sqrt[3]{\frac{D}{H}}$$

$$= 0{,}4 \sqrt[3]{\frac{5}{2}} = 0{,}4 \cdot 1{,}357 = 0{,}5428 \text{ rd. } 0{,}55 \text{ m}$$

$$Q = \varepsilon \cdot v \cdot B \cdot a$$

$$B = \frac{Q}{\varepsilon \cdot v \cdot a}$$

$$= \frac{1{,}2}{0{,}6 \cdot 1{,}8 \cdot 0{,}55} = 2{,}02 \text{ m rd. } 2{,}0 \text{ m}$$

Verluste.

Durch Bestimmung der Kulisse erhält man die resultierende Geschwindigkeit c und somit m, da v gegeben, also in vorstehendem Fall, wo

$c = 2{,}66$ m und
$m = 1{,}36$ m

(Siehe Fig. 10.)

$$\left.\begin{aligned} 0{,}1 \frac{c^2}{2\,g} &= 0{,}1 \frac{2{,}66^2}{2 \cdot 9{,}81} = 0{,}036 \\ \frac{m^2}{2\,g} &= \frac{1{,}36^2}{2 \cdot 9{,}81} = 0{,}094 \end{aligned}\right\} \text{Eintritt}$$

ferner für den Verlust durch Übertritt unten an der Schaufel

$$h_1 = \frac{\varepsilon}{Q} \cdot \Sigma\, x$$

$$\varepsilon = \mu \cdot s \cdot B \cdot \sqrt{2\,g}\; x$$

$$h_1 = \frac{u \cdot s \cdot B \cdot \sqrt{2\,g}}{Q} \cdot \Sigma \sqrt{x^3}$$

$$= \frac{0{,}6 \cdot 0{,}005 \cdot 2 \sqrt{2\,g}}{1{,}2} \cdot \Sigma \sqrt{x^3} = 0{,}02215\, \Sigma \sqrt{x^3}$$

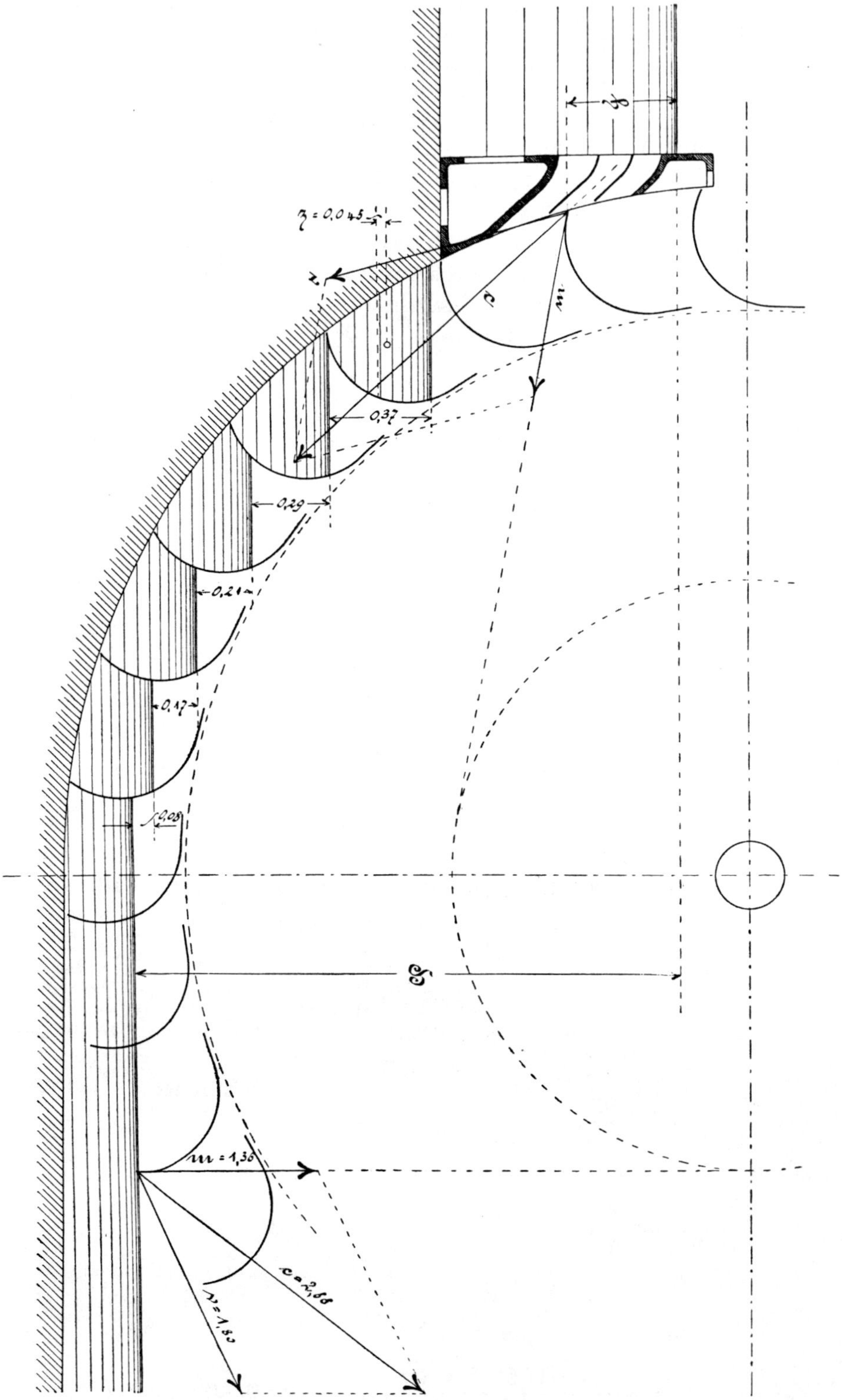

Fig. 10. Schema für Rechnungsbeispiel Seite 9.

Aus der Zeichnung ergiebt sich:

x	x^3	$\sqrt{x^3}$	
0,37	0,050653	0,225	0,7969
0,29	0,024389	0,156	0,6240
0,21	0,009261	0,096	0,0451
0,17	0,004913	0,070	0,0366
0,08	0,000512	0,023	0,0170
	$\Sigma \sqrt{x^3}$	0,570	1,5196

somit $h_1 = 0{,}02215 \cdot 0{,}57 = 0{,}0126255$ m

Seitlicher Verlust:

$$\varepsilon = \mu \cdot \lambda \cdot s \cdot \sqrt{2\,g\,z}$$

$$h_2 = \frac{\Sigma \cdot \varepsilon\, y}{Q} = \frac{\mu \cdot \lambda \cdot s \cdot \sqrt{2\,g}}{Q}\, \Sigma\, y \sqrt{z}$$

z	$\sqrt{z}$	y	$y\sqrt{z}$
0,2	0,45	1,13	0,5085
0,21	0,45	0,75	0,3375
0,25	0,5	0,46	0,2300
0,25	0,5	0,25	0,1250
0,08	0,3	0,08	0,0240
		$\Sigma\, y\sqrt{z} =$	1,2250

$$h_2 = 0{,}00532 \cdot 1{,}2250 = 0{,}006517$$

$$\text{Austritt}\ \frac{v^2}{2\,g} = \frac{1{,}8^2}{2 \cdot 9{,}81} = 0{,}165$$

Zusammenstellung.

Nach Zeichnung	z	$= 0{,}045$	$=$ 2,25 %
Eintritt	$0{,}1\ \frac{c^2}{2\,g}$	$= 0{,}036$	$=$ 1,80 „
	$\frac{m^2}{2\,g}$	$= 0{,}094$	$=$ 4,70 „
Übertritt	$0{,}0164 + 0{,}0065$	$= 0{,}229$	$=$ 1,15 „
Austritt	$\frac{v^2}{2\,g}$	$= 0{,}165$	$=$ 8,25 „
Zapfenreibung		$= 0{,}040$	$=$ 2,00 „
			$=$ 20,15 %

Um Ungenauigkeiten bei der Ausführung Rechnung zu tragen, rundet man den so bestimmten Wirkungsgrad um einige Prozent nach unten ab.

Wirkungsgrad $\eta = 0{,}77$ auf der Wasserradwelle.

Zweiter Abschnitt.

Wasserräder mit Überfalleinlauf.

(Tafel XVI.)

Das Wasserrad mit Überfalleinlauf nach verbessertem System Zuppinger ist aus Schmiedeeisen und Stahl konstruiert, mit Ausnahme der Rosetten, welche in Gußeisen ausgeführt werden. Vorzuziehen ist wegen leichteren Ersatzes die Schaufeln aus Holz anzufertigen. Dieses Rad ist eine wesentliche Vervollkommnung der gewöhnlichen unterschlächtigen Schaufelräder und zählt zu den bestwirkenden hydraulischen Motoren; unter allen Verhältnissen läßt sich ein Nutzeffekt von 70 % und darüber garantieren, wie auch die Veränderlichkeit des Wasserzuflusses und Schwankung des Gefälles sein möge. Gutkonstruierte Turbinen können bei konstantem Wasserzufluß eine ebensogute, unter Umständen noch etwas bessere Leistungsfähigkeit ergeben; nichtsdestoweniger ist sicher, daß gewiegte Praktiker einem guten Wasserrad den Vorzug einräumen. Nachstehend sind bestimmte Fälle angegeben, in welchen diese Wasserräder trotz höheren Anschaffungspreises entschieden den Vorzug vor Turbinen verdienen:

1. Bei Flüssen, welche viel Grundeis führen. Jedermann kennt die Schwierigkeiten, welche Turbinen bei Grundeis führenden Kanälen verursachen; es wird nicht nötig sein bei diesem Punkte länger zu verweilen, und sei nur darauf hingewiesen, daß Räder nach genanntem System sehr gut zugänglich sind und etwaiges Auseisen erleichtern.

2. An Kanälen, welche viel Laub, überhaupt unreines Wasser führen und starken Wasserstein bilden, bei nicht konstantem Wasserzufluß, weil sie Regulierungen, die an Turbinen angebracht werden müßten, entbehrlich machen. Die Reguliervorrichtungen verlegen sich durch Einlagerung fremder Körper und versagen häufig den Dienst.

3. An Kanälen mit unregelmäßigem Wasserstand, an welchen mehrere Motoren hintereinander oder nebeneinander (bei Teilung der Wasserkraft) angebracht sind. Die bei solchen Betrieben vorkommenden Schwellungen und Zurückhaltungen des Wassers bilden einen nie endenden Klagegrund für die Werksbesitzer.

Turbinen ergeben an solchen Kanälen in der Regel eine geringere Gesamtleistung als gutkonstruierte Wasserräder.

Wasserräder bieten den Vorteil, daß ihr Nutzeffekt bei schwächerer Beaufschlagung viel konstanter bleibt. Gestattet die Art der Herstellung gewerblicher Erzeugnisse, wie dies meistens der Fall, daß die Bewegung der Arbeitsmaschinen sich ohne Nachteil etwas verlangsamt (was bei kleinerem Wasserzufluß eintritt), so kann der Wirkungsgrad noch steigen und werden dann kleinere Wasserstände besser ausgenützt, als die normalen. In jedem Falle verhindert der Überfalleinlauf ein zu bedeutendes Sinken des Oberwasserspiegels.

4. An Flüssen, deren Wasserstand täglichen Schwankungen ausgesetzt ist, aus vorstehend angegebenen Gründen.

5. Für Gefälle mit weniger als 1,50 m, da hierbei Turbinen kaum mehr günstige Nutzeffekte liefern.

Theorie des Überfallwasserrades nach verbessertem System Zuppinger.

Das Wasserrad mit Überfalleinlauf vereinigt bezüglich seiner neuen verbesserten Konstruktion so ziemlich alle Vorzüge, welche man von einem hydraulischen Motor verlangen darf.

Gegenüber dem mittelschlächtigen und oberschlächtigen Rad bietet es den Vorteil, bei gleicher Radbreite erheblich größere Wassermengen verarbeiten zu können, denn es vermag bis zu 1200 Liter in der Sekunde für den Meter Radbreite aufzunehmen, eine Eigenschaft, welche dem Rade gestattet, sich in dieser Beziehung mit den Turbinen zu messen.

Weiter kann dieses Radsystem angewendet werden, um es mit 200 bis zu 5000 Liter in der Sekunde zu beaufschlagen: eine Radbreite von 0,8—1 m genügt für einen sekundlichen Aufschlag von 200 Liter und eine solche von 4—5 m für einen Aufschlag bis 5000 Liter; zu bemerken wäre jedoch sofort, daß, um das Maximum des Wirkungsgrades zu erhalten, auf welchen wir später noch zurückkommen, es besser ist, das Rad für einen Aufschlag von 600 bis 700 Liter in der Sekunde und für den Meter Schaufelbreite zu bemessen. Ferner bleibt dasselbe gangfähig, ungeachtet des Rückstaues im Unterwasser, wenn ihm nur etwa der vierte Teil des Gefälles verbleibt und ohne daß das Güteverhältnis beträchtlich vermindert wäre. Übrigens ist es anwendbar für alle Gefälle, welche 4 m nicht wesentlich übersteigen; sein Wirkungsgrad ist entgegengesetzt allen anderen hydraulischen Motoren fast immer derselbe, was auch die Veränderung des Gefälles oder der Wassermenge und der Grad der Geschwindigkeit sei, für welche es seiner Bestimmung gemäß berechnet wurde. Jedoch ist sein Wirkungsgrad für kleine Gefälle bis 1 m etwas geringer, als für Gefälle, die 1 m übersteigen, bei welch letzteren er sich dem Maximum nähert. Endlich erhält man mit diesem Rad je nach Umständen einen Nutzeffekt von 73—78 % des theoretischen Effekts.

Dieses Ergebnis, welches von manchen Seiten angezweifelt werden könnte, ist dennoch eine Thatsache, welche durch zahlreiche Bremsversuche nachgewiesen ist, die nicht auf der Wasserradwelle selbst, sondern auf den Transmissionswellen, welche bis zu 70 Umdrehungen i. d. Minute machten, angestellt wurden. (Vgl. Tabellen Seite 20 ff.)

Der außergewöhnliche Wirkungsgrad erklärt sich, wenn man betrachtet, daß bei diesem System, wie wir später sehen werden, ein geringer Gefällsverlust beim Wassereintritt in das Rad infolge der Schaufelstellung entsteht, in welche das Wasser ohne starke Kontraktion, somit fast ohne Stoß gelangt in der Art, daß die Höhenlage des Wasserstroms, welcher auf die Schaufeln drückt, sich fast wagrecht zum Oberwasserspiegel befindet, ähnlich, wie es bei Turbinen der Fall ist.

Um das System theoretisch zu begründen, kann man von dem Grundsatz ausgehen, daß, wenn eine Röhre in das Wasser getaucht wird, sich die Flüssigkeit in derselben nach Maßgabe der Eintauchung erhebt und die Differenz, welche zwischen der Höhe des äußeren Wassers und derjenigen des Wassers in der Röhre während der Untertauchung sich ergiebt, um so größer ist, je rascher man dieselbe einsenkt.

Die Rechnung nach dem Gesetz der Schwere ergiebt, daß, wenn die Röhre mit der Geschwindigkeit von 1 m i. d. Sekunde eintaucht, der Druckverlust des Wassers in der Röhre 0,051 m sein wird, d. h., daß ein Druck von 0,051 m nötig ist, um eine Einflußgeschwindigkeit des Wassers von 1 m i. d. Sekunde zu erzeugen, während sich derselbe für eine Geschwindigkeit von 2 m auf 0,204 m erhebt.

Von diesem Prinzip ausgehend handelt es sich darum, eine solche Stellung zu finden, daß zwei aufeinanderfolgende Schaufeln als eine rechteckige, schwach gebogene Röhre betrachtet werden können, welche so vertikal als möglich in das Oberwasser taucht, derart, daß das Wasser seine Höhe durch den Aufstieg zwischen den Schaufeln so nimmt, wie es einer Geschwindigkeit bei unbedeutendem Druckverlust entspricht, anstatt mit vorwärts gestellten Schaufeln zu arbeiten, wie dies bei gewöhnlichen unterschlächtigen Rädern der Fall ist.

Da es in Wirklichkeit unmöglich ist, die Schaufeln fast vertikal in die obere Haltung einzutauchen, so wurde versucht, unter welch geringstem Winkel man sie eintreten lassen könnte, um den gewünschten Effekt zu erhalten, und gefunden, daß ein Winkel von etwa 30° in Verbindung mit einer Geschwindigkeit am Umfang des Rades von 1 bis 1,20 m i. d. Sekunde genügt.

Gleichwohl würde unter diesen Bedingungen die Anwendung gewöhnlicher gerader Radschaufeln, d. h. solcher, welche normal zum Umfang stehen, uns nötigen, die Wasserentnahme weit unter dem Mittelpunkt des Rades zu bewerkstelligen, damit die Schaufeln den verlangten Winkel mit dem Oberwasser bilden, was für einigermaßen beträchtliche Gefälle außergewöhnliche Raddurchmesser bedingt hätte. Eine solche Voraussetzung, die Anwendung dieses Systems auf kleine Gefälle zu beschränken, würde keine vollständige Befriedigung gewähren.

Diese Betrachtung führt dahin, für Gefälle H höher als etwa 0,75 m das Rad mit rückwärts schiefgestellten Schaufeln so zu konstruieren, wie Tafel XIV zeigt, derart, daß die Eintauchung unter einem genügend großen Winkel vor sich geht, um beim Eintritt keine Unruhe der Bewegung des Wassers in den Schaufeln hervorzurufen. Infolge dieser Anordnung ist man in der Lage, Gefälle bis 4 m und etwas darüber mit einem Raddurchmesser, welcher 7,5 m nicht übersteigt, auszunützen.

Die Rückwärtsstellung der Schaufeln, welche somit unter einem Winkel von etwa 40° in das Wasser tauchen, erfüllt vollkommen die Bedingung, den Oberwasserspiegel bei jeder derselben nach Maßgabe ihres Eintauchens nahezu wagrecht zu halten bis zu dem Augenblick, wo sie an der Spitze des Kropfes oder der untergetauchten Schütze angelangt, aufhören Wasser einzunehmen. Der vom Rad durchlaufene Weg von d nach c und derjenige des Wassers auf der Schaufel von d nach a, um sie zu füllen, sind sich in der Zeit fast gleich und da die Radgeschwindigkeit am Umfang etwa 1,20 m i. d. Sekunde, wird der Druckverlust ein Maximum von 0,080 m sein. Man wird jedoch später sehen, daß in der Praxis dieser Verlust sich noch vermindert.

Sind die Schwierigkeiten des Eintritts ohne sehr empfindliche Einsenkung gelöst, so läßt sich der Austritt des Wassers leicht bewerkstelligen, man kann den Wasserstrahl und somit den Aufschlag unbeschränkt vergrößern; derselbe wird der Wasserhöhe in den Schaufeln annähernd gleich sein.

Bei Betrachtung der Zeichnung des Rades (Tafel XIV) ist zu bemerken, daß die Schaufel mit einer Vorschaufel von etwa 0,3 m Höhe endigt, deren Stellung gegen den Mittelpunkt des Rades gerichtet ist. Indem man die Schaufeln schief zurückstellt und tief eintauchen läßt, würden dieselben das Wasser bei ihrem Austritt hochziehen. Um diesen Mißstand zu vermeiden, welcher beim Sagebien-Rad so instruktiv zu erkennen ist, werden die Schaufelkurven nach der aus Fig. 1 (S. 4) ersichtlichen Weise geformt, daß sich die Schaufeln fast senkrecht aus dem Wasser heben und beim Austritt des Wassers aus dem Rad möglichst wenig Gefällsverlust entsteht. Infolge dieser Anordnung ist man in der Lage, mit der Umfangsgeschwindigkeit des Rades 1 m zu überschreiten. Hervorgehoben sei noch, daß die Schaufeln beim Austritt zuerst wenig Wasser in den Grund des Kropfes abgeben im Punkt O und nach und nach um so mehr ausgießen, je weiter sie sich gegen den Punkt P vorwärts bewegen, wo sie vollständig entleert sind; daraus folgt, daß der Austritt aus den Schaufeln mit der normalen Bewegung des Wassers in den Kanälen in Übereinstimmung sich befindet, in welchen die Geschwindigkeit an der Oberfläche größer ist als am Grund.

Wenn wir nun beobachten, wie das Wasser aus dem Oberkanal in die Schaufeln eintritt und am Unterwasser austritt, ist zu erkennen, daß es durch das Rad fast den gleichen Lauf beibehaltend geht, welchen es in den beiden Kanälen hat, da beim Durchfluß die verschiedenen Lagen der Flüssigkeitsfäden ihre relative Stellung nicht ändern, sowohl im Ein- als auch im Ablaufkanal, d. h. daß das in gleicher Höhe mit dem Oberwasserspiegel eingetretene, die Hinterfläche der Schaufeln berührende Wasser an die Oberfläche des Unterwassers abgegeben wird; ebenso wie das von der Sohle des Einlaufskanals entnommene Wasser, welches ihre Vorderfläche drückt, in den Grund des Ablaufkanals übertritt.

Auf diesen besonderen Umstand ist um so mehr Rücksicht zu nehmen, als er die Notwendigkeit zeigt, das Rad entsprechend tief einzutauchen, um daraus den ganzen Vorteil zu ziehen, welcher diesem System zukommt. Unter solchen Voraussetzungen und im Hinblick auf die Zeichnung des Rades (Tafel XIV) ist leicht einzusehen, daß dieser Motor von einem Gefälle und bestimmten Wasservolumen den höchsten Nutzeffekt ergeben muß, welcher erreichbar ist; auf den ersten Blick kann man durch Vergleich dieses Systems mit den gebräuchlichen Schaufel- oder Zellenrädern sagen, warum das so ist:

1. ist der Wasserdurchfluß an und für sich mit dem geringsten Gefällsverlust verbunden,
2. äußert sich der Druck des ganzen Wasserstroms augenblicklich auf die Schaufeln.

Bei gewöhnlichen unterschlächtigen Rädern bemerkt man eine um so beträchtlichere Einsenkung je dicker der eingeführte Wasserstrahl, insbesondere wenn man es mit größeren Wassermengen zu thun hat; außerdem ist nicht genau zu sagen, an welchem Punkt des Rades sich der Wasserdruck vollständig äußert. Das Wasser gelangt immer durch Fall in die Zellen oder auf die Schaufeln und geht infolge der Geschwindigkeit des Rades bis zu einer gewissen

Grenze mit diesem selbst, ehe es durch sein Gewicht wirkt; außerdem springt ein Teil desselben der Stöße wegen, welche es bei Berührung mit den Zellen oder Schaufeln erleidet, zurück und wirkt nur nutzbar auf das Rad, nachdem es wieder zur Ruhe gekommen ist, d. h. an einem viel tiefer gelegenen Punkte.

Berücksichtigt man noch die Reibung der Zapfen und die Wasserverluste zwischen Rad und Kropfwandungen, so ist der Vorteil auch auf seiten dieses Systems.

Infolge mäßiger Geschwindigkeit des Rades und geringer Ausdehnung der Spalten im Vergleich zum Aufschlagwasserquantum weisen die Zellen- und Schaufelräder einesteils einen erheblicheren Verlust an Zapfenreibung auf, da dieselben schneller umlaufen, und anderenteils einen stärkeren Wasserverlust verursachen, weil sie das Wasser in einer beträchtlicheren Ausdehnung aufnehmen, wodurch sich ein größeres Verhältnis zwischen dem Umfang des Spielraumes und dem beaufschlagten Wasserquantum zeigt.

Wirkungsgrad und Gefällhöhe.

Was den theoretischen Wirkungsgrad dieser Radkonstruktion betrifft, so ist der Einfluß des Wassers, wie wir gesehen haben, mit einem verhältnismäßig kleinen Effektverlust verbunden. Bei der Überfallschütze wurde früher zur Leitung des Wassers bis dicht an das Rad die Überfalle oben mit einem parabolisch gekrümmten Leitschaufelblech versehen. Diese Anordnung hatte aber mehrere Nachteile im Gefolge, da der Reibungsverlust beim Eintritt dadurch vermehrt und bei Höherstellung der Schütze unterhalb des Überfallbleches ein leerer, schädlicher Raum entsteht, wodurch Wirbelbildungen und Stöße hervorgerufen werden. Der hierdurch verursachte Gefällsverlust kann bis zu 10 % des Effekts anwachsen (vgl. Kraftmessung eines Überfallrades, S. 82). Der Eintrittsverlust kann dadurch erheblich herabgezogen werden, daß man die Schütze möglichst nahe ans Rad stellt, so daß der Spielraum zwischen Schützentafel und Radschaufeln auf das geringste Maß beschränkt wird, wie die Anordnungen auf den Tafeln XV bis XXVIII erkennen lassen. Um den Eintritt des Wassers zu erleichtern, wird die Schütze durch ein Überfallpolster abgerundet und der obere Teil des Kropfes, gegen den sich die Überfallschütze lehnt, in Gußeisen hergestellt, um ausreichende Festigkeit mit geringster Rauminanspruchnahme zu verbinden. Zu dem hydraulischen Widerstand der Überfallschütze kommt ein Eintrittswiderstand im engeren Sinne, verursacht durch die den Wasserstrahl durchbrechenden Radschaufeln. Bezogen auf ein mittleres Gefälle von etwa 2 m mag der ganze Gefällsverlust infolge des Zu- und Einflusses des Wassers zu 7 % gesetzt werden.

Bei der fast radialen Stellung des vorderen Teiles der Schaufeln (Vorschaufeln) ist nicht zu befürchten, daß dieselben durch den Wasserstrahl von vorne getroffen werden, übrigens ist ein kleiner Winkel derselben zum Strahl insofern erwünscht, als damit die durch den Stoß verlorengehende Geschwindigkeit abnimmt und vom Rad nutzbar aufgenommen wird; überdies werden die Schaufelenden in geeigneter Weise zugeschärft (Fig. 17), um den Wasserstrom in möglichst geringer Ausdehnung zu durchbrechen. Solange ein Schaufelraum sich einzutauchen anfängt und bis zu der Lage fortbewegt, in welcher die hintere Fläche des benachbarten sich befindet, bildet die Wasseroberfläche in ihm eine Fortsetzung des Oberwasserspiegels. Schreitet die Bewegung weiter, so findet ein schräges Aufwärtsfließen des Wassers nach Maßgabe der vorhandenen relativen Zuflußgeschwindigkeit, Druckhöhe und Bewegungswiderstände, sowie entgegengesetzt der Zentrifugalkraft, Radgeschwindigkeit und Schaufelzahl statt, bis schließlich die Einmündung sich zu verengen anfängt und aufhört, Wasser einzunehmen. Hierauf sinkt der Wasserspiegel im erfüllten Schaufelraum, abgesehen vom Wasserverlust durch Spielräume, mit dem Rad bis zum Unterwasserspiegel. Zu berücksichtigen ist, daß durch die Schaufelstellung das verlangte Wasserquantum so aufgenommen wird, daß das Wasser des ersten Schaufelraumes nahe bis zur Höhe des Oberwasserspiegels reicht. Um Überfließen zu vermeiden, wird der geradlinige Teil der Schaufel gegen das Innere des Rades so weit verlängert, daß das Ende derselben noch über dem Oberwasserspiegel steht, wenn die Spitze der Vorschaufel das Überfallkropfstück erreicht hat.

Trotz des theoretischen Vorzugs enger Schaufelstellung, wodurch sich die Zahl der Aufnahmeflächen für den Wasserdruck steigert und die nachfolgende Schaufel bälder an Stelle der vorausgegangenen tritt, ist hervorzuheben, daß eine große Schaufelzahl bei Überschreitung einer gewissen Grenze aufhört, Vorteil für den Effekt zu bieten, indem die Größe der Reibungsfläche proportional zum Effektverlust steht; abgesehen von Kostenpunkt und Vermehrung des Radgewichts bleibt eine gewisse Mäßigung bei Annahme der Schaufelzahl geboten.

Der Austritt des Wassers soll möglichst widerstandslos in horizontaler Richtung erfolgen und die Wasseroberfläche der sich entleerenden Schaufelräume in der Höhe des Unterwasserspiegels liegen; hierauf ist die Wahl der Wassertiefe im Abflußgerinne, d. h. die Tauchung, von wesentlichem Einfluß. (Vgl. Seite 30.) Ist der Abhängigkeit, die zwischen Wasserein- und austritt besteht, Rechnung getragen, so wird die relativ beste Konstruktion durch Verbindung beider Rücksichtnahmen erlangt. Gestattete es der Stand der Hydraulik, sowohl den Effektverlust beim Eintritt als auch denjenigen beim Austritt durch die Summe zweier Funktionen darzustellen, welche beide zum Teil dieselben veränderlichen Größen enthielten, so würde sich ergeben, daß beide Funktionen derart voneinander abhängig sind, daß, wenn die eine wächst, die andere sich in entsprechender Weise vermindert. Durch Aufstellung einer Minimalgleichung könnte die theoretisch beste Konstruktion dadurch erlangt werden.

Der Verlust infolge Spielräume kann bei der Unsicherheit des der Spaltenweite im einzelnen Falle zukommenden Wertes nur annähernd bestimmt werden. Der Spielraum der Schaufeln im Gerinne darf nicht unter 5 mm betragen, erreicht aber in vielen Fällen infolge des natürlichen Verschleißes 15 mm und darüber. Mit Rücksicht auf Einklemmung fremder Körper sollte mit Verminderung der Spalten nicht zu weit gegangen werden, woraus zu ersehen, daß praktische Erwägungen der Steigerung des Wirkungsgrades eine Grenze ziehen.

Die Reibung der Wasserradwelle in den Lagern wäre infolge des bedeutenden Radgewichtes verhältnismäßig groß, dagegen ist Zapfengeschwindigkeit, ebenso Luftwiderstand und Wasserreibung im Kropf bei der mäßigen Umdrehungszahl gering. Der Effektverlust durch alle diese Nebenwiderstände und Spaltverlust dürfte zusammen mit 5 % des absoluten Effekts reichlich veranschlagt sein. Setzt man den Austrittsverlust = 4 % und für Verluste, welche sich einer genauen Rechnung entziehen, schätzungsweise noch 2 %, so ergiebt sich hiernach ein theoretischer Wirkungsgrad von:

$$\eta_t = 1 - (0{,}7 + 0{,}05 + 0{,}04 + 0{,}02) = 1 - 0{,}18 = 0{,}82\,\%$$

Derselbe ist erheblich größer als bei gewöhnlichen tiefschlächtigen Rädern unter gleicher Gefällshöhe. Man gelangt somit zu einer Radkonstruktion, welche zu den bestwirkenden hydraulischen Motoren zählt, denn gewöhnlich lassen sich mit denselben 75—80 % Nutzeffekt erzielen.

Das angegebene Effektverhältnis gilt jedoch nur für mittlere und höhere Gefälle. Bei weniger als 1,30 m Gefälle ist es angezeigt, einen etwas geringeren Wirkungsgrad in Rechnung zu nehmen, was jedoch mit Bezug auf das Güteverhältnis bei anderen Motoren in gleichem Maße der Fall ist. Sollte auch hier der höchste Nutzeffekt erwünscht sein, so muß mit der Umfangsgeschwindigkeit herabgegangen werden und dürfte $v = 1$ m i. d. Sekunde den untersten Grenzwert bei außergewöhnlichen Verhältnissen darstellen. Die zweimalige Räderübertragung ins Schnelle, welche im allgemeinen nicht zu vermeiden sein wird, soll zusammen das 15 bis 20fache der Tourenzahl des Rades i. d. Minute nicht überschreiten.

Der Einwand, daß diese Motoren zu viel Vermittlungsorgane für größere Geschwindigkeit erfordern und deshalb zu teuer seien, ist in den meisten Fällen nicht stichhaltig, obgleich nicht übersehen werden soll, daß immerhin mehrere Prozent für Zahn- und Lagerreibung der Vorgelege verloren gehen. Der entsprechend höhere Wirkungsgrad, insbesondere bei kleinen und mittleren Aufschlagmengen, sowie Gangfähigkeit selbst bei hohem Stauwasser gleichen diesen Abgang jedoch mehr als aus.

Zu nachfolgender Tabelle der Versuchsresultate mit Überfallwasserrädern (S. 20 u. 21) ist zu bemerken, daß die ersten zwei Versuchsgruppen sich auf Gefälle unter 1,50 m, bezw. unter 1 m beziehen, wobei, um zu einem hohen Wirkungsgrade zu gelangen, die Radgeschwindigkeit unter normaler Größe steht. Die weiteren zwei Reihen beziehen sich auf mittlere Gefälle und läßt sich die hohe Ausbeute bei einer Radgeschwindigkeit von 1,20 i. d. Sekunde deutlich erkennen. Der totale Durchschnitt des Wirkungsgrades bei 18 Versuchen ergiebt: 75,66 % auf der I—III Vorlegewelle; der zu garantierende mittlere Wirkungsgrad soll etwas geringer sein, als der durch Versuche ermittelte und beträgt etwa:

$$\eta_g = 0{,}96 \times 75{,}66 = 72\,\%$$

auf der II Vorlegwelle.

Die Art der Wassermessung bei den Versuchen ist in der letzten Spalte der Tabelle S. 20 u. 21 angegeben. Für Berechnung des Wasserverbrauchs bei der ersten Reihe wurde nachstehende Formel in Anwendung gebracht:

Um die Wassermenge messen zu können, wurde ein Teil des verfügbaren Gefälles geopfert, so daß das Wasser durch die Abstellfalle als durch eine untergetauchte Öffnung dem Rade zufloß. Es war diese Öffnung im Licht breit 2,297 m, Kontraktion fand nur oben und an einer Seite statt, weshalb der Kontraktionskoeffizient $k = 0{,}64$ anzuwenden ist. Die Zuflußgeschwindigkeit des Wassers vor der Öffnung darf, wie eine vorläufige Berechnung zeigte, nicht vernachlässigt werden. Dieselbe wurde nicht unmittelbar gemessen, läßt sich aber schätzungsweise in Rechnung bringen wie folgt: der Querschnitt des Zuflußkanals war etwa 2,6 mal so groß als die Öffnung bei den Versuchen 3 bis 5 und 2 mal so groß als bei 5 bis 11. Bezeichnen wir dieses Verhältnis mit m, die Geschwindigkeit in der Öffnung mit u, so ist die Zuflußgeschwindigkeit vor der Öffnung $\frac{u}{m}$ und die derselben entsprechende Druckhöhe $\frac{1}{2g}\left(\frac{u}{m}\right)^2$, diese ist zur beobachteten Druckhöhe H zu addieren und ergiebt sich dann die Geschwindigkeit in der Öffnung aus der Gleichung:

$$u = \sqrt{2g\left[\frac{1}{2g}\left(\frac{u}{m}\right)^2 + H\right]}$$

$$u^2 = \left(\frac{u}{m}\right)^2 + 2gH$$

$$u^2 = \frac{2gH}{1 - \left(\frac{1}{m}\right)^2}$$

$$u = \sqrt{2gH}\sqrt{\frac{m^2}{m^2-1}}$$

und die Wassermenge

$$Q = kBh\sqrt{2gH}\sqrt{\frac{m^2}{m^2-1}}$$

Die Wasserquanten für das Rad der zweiten Versuchsreihe sind nach der Überfallhöhe über die Radschütze berechnet und die gemessenen Höhen nach Maßgabe der Wassergeschwindigkeiten vor der Schütze korrigiert worden. (Näheres hierüber Seite 70: Kraftmessung des Wasserrades.)

Bei der dritten und vierten Versuchsgruppe sind die Wassergeschwindigkeiten mittels Woltmann'schen Flügels nach dem, Seite 50, I. Teil, angegebenen Verfahren gemessen.

Die Abweichung der einzelnen Versuche von den Mittelwerten hat ihren Grund in veränderter Führung der Räder und in unvermeidlichen Beobachtungsfehlern. Es bedingt z. B. bei der Kraftmessung ein Irrtum von $^1/_{10}$ Umdrehungen des Rades beim Zählen schon einen Fehler von 1 bis 2 $^0/_0$ im Resultat; ein Irrtum von 1 cm beim Ablesen des Wasserstandes (der Wasserspiegel ist vor und hinter den Rädern meistens nicht vollkommen ruhig) macht die Wassermenge um mehrere Prozent, das Gefälle bis zu 1 $^0/_0$ fehlerhaft. Da bei den Versuchen diese Fehler jedoch bald im einen, bald im anderen Sinne auftreten, so dürften die Mittelwerte auf jene Zuverlässigkeit Anspruch machen können, die beim heutigen Stand der Hydrometrie überhaupt erreichbar ist.

Tabelle I.

Neue Versuchsresultate

bei 0,75 bis

ausgeführt von der Maschinen-

Versuchsreihe oder Nummer	Gefälle normal	Gefälle beim Versuch gemessen	Wassermenge normal	Wassermenge beim Versuch gemessen	Raddurchmesser	Schaufelbreite	Radiale Tiefe	Umdrehungen gebremste Welle	Umdrehungen am Wasserrad	Umfangs-geschwindigkeit im Mittel
	$H =$ m	$H_1 =$ m	$Q =$ cbm	Q_1 = cbm	$D =$ m	$B =$ m	$a =$ m	$n =$pr. Min.	n_1 = pr. Min.	v_m = pr. Sek.
	0,758		1,0		5,0	2,274	1,0			
3		0,612		0,683					3,2	
4		0,638		0,621					3,1	
5		0,620		0,637					2,8	
6		0,674		0,571					3,1	0,856
7		0,655		0,656					3,25	
8		0,646		0,694					3,9	
9		0,626		0,757					3,75	
10		0,635		0,774					3,1	
11		0,626		0,799					3,25	
	1,47		1,6—2,5		6,0	4,0	1,25			
I		1,25		1,98				67,5		
II		1,28		2,49				63,7	} 3,4	1,068
III		1,024		2,77				64		
IV		1,3		2,07				62		
	2,3		1,5		7,0	2,08	1,55			
II		2,262		1,925				42,86	3,48	
III		2,074		1,919				39,40	3,23	1,216
IV		1,941		1,843				40,15	3,27	
	2,4		2,5		7,0	3,0	1,75			
I		2,232		2,281				61,49		
II		2,221		2,177				61,24	} 3,29	1,20

Durchschnittlicher Wirkungsgrad =

Tabelle I.

mit Überfallwasserrädern

2,5 m Gefälle

fabrik M. Müller in Cannstatt.

Übersetzungsverhältnis der Getriebe	Absoluter Effekt Pferdestärken HP	Effektive Leistung nach dem Bremsversuch HP	Wirkungsgrad $\eta = \%$	Durchschnittlicher Wirkungsgrad %	Lage des Bremszaums	Bemerkungen / Leiter der Versuche:
1 Stirnräderpaar: 124 : 26	5,57 5,28 5,26 5,13 5,72 5,98 6,32 6,55 6,67	3,83 4,05 3,95 4,38 3,86 4,64 5,29 5,70 5,59	68,8 76,7 75,1 85,3 67,5 77,5 83,8 87,1 83,8	78	I Vorgelegwelle	Prof. K. Teichmann. Wassermessung durch die Abstellfalle nach der Formel: $Q = k\,b\,h\,\sqrt{2\,g\,H}\,.\,\sqrt{\frac{m^2}{m^2-1}}$ (Seite 19.)
2 Stirnräderpaare: $\frac{120}{35} \times \frac{112}{36}$ u. 1 kon. Räderpaar: $\frac{90}{50}$, somit $= \frac{n}{19{,}2}$	33 42,5 37,72 35,88	23,12 32,7 27,5 26,3	70,06 76,56 72,9 73,3	73,3	III Vorgelegwelle	Prof. W. v. Kankelwitz. Wassermessung nach der Überfallhöhe über die Radschütze. (Seite 70.)
2 Stirnräderpaare: $\frac{112}{32} \times \frac{112}{32}$ $= \frac{n}{12{,}25}$	58,06 53,07 47,70	46,50 40,72 38,10	80,1 76,78 79,87	78	II Vorgelegwelle	Prof. K. Teichmann. Wassermessung mittels Woltmann'schen Flügels. (Seite 91.)
2 Stirnräderpaare: $\frac{112}{26} \times \frac{108}{25}$ $= \frac{n}{18{,}61}$	67,88 64,47	51,04 46,24	75,19 71,72	73,45	II Vorgelegwelle	Prof. K. Teichmann. Wassermessung mittels Woltmann'schen Flügels. (Seite 50.)

75,66 % auf der I bis III Vorgelegwelle.

Tabelle II.

Zusammenstellung der Bremsversuche

bei **1,05** bis

ausgeführt von der Maschinenfabrik

1.	2.	3.	4.	5.	6.	7.	8.	9.
Gefälle Meter H	Wasser-menge cbm/Sek. Q	Raddurch-messer Meter D	Schaufel-breite Meter B	Schaufel-zahl Z	Radiale Tiefe Meter a	Schaufel-teilung Meter t	Um-drehungen i. d. Minute n	Umfangs-geschwin-digkeit i. d. Sekunde v
1,05	1,366						3,62	0,966
1,05	1,317	5,10	2,35	42	1,30	0,381	4,00	1,068
1,05	1,483						4,50	1,201
1,26	0,851	5,10	1,80	42	1,10	0,381	5,00	1,334
1,255	1,450						5,00	
1,870	0,264						5,08	1,356
1,845	0,336	5,10	1,30	42	1,00	0,381	5,07	1,353
1,833	0,548						5,20	1,388
1,845	0,590						5,00	1,334
2,26	1,300						3,50	1,154
2,45	1,239	6,30	1,80	42	1,60	0,471	3,70	1,220
2,37	1,340						4,20	1,385

Durchschnittlicher Wirkungsgrad

Tabelle II.

an Wasserrädern mit Überfalleinlauf

2,45 m Gefälle

Geislingen in Geislingen a/St.

10.	11.	12.	13.	14.	15.	16.
Übersetzungsverhältnis der Getriebe	Absoluter Effekt Pferdestärken	Leistung einschließlich Reibungsarbeit	Wirkungsgrad Prozent	Durchschnittlicher Wirkungsgrad	Lage der Bremse	Bemerkungen
I Stirnräderpaar 160/38	19,40	14,30	75,35		Haupttransmission $n = 111{,}7$	Wassermenge 0,50—2,00 cbm i. d. Sek.
II Stirnräderpaar 167/48	18,43	14,15	76,80	75,76		
Kon. Getriebe 86/43	20,76	15,60	75,14			
I Stirnräderpaar 210/46	14,30	10,25	78,60	75,50	I Vorgelegwelle $n = 22{,}8$	Wassermenge 0,40—1,40 cbm i. d. Sek.
	24,26	17,60	72,53			
I Stirnräderpaar 128/38	6,58	5,40	82,00	80,15	II Vorgelegwelle $n = 80$	Wassermenge 0,60 cbm i. d. Sek.
	9,00	7,31	81,20			
Kon. Getriebe 127/27	13,39	10,513	78,50			
	14,51	11,417	78,90			
I Stirnräderpaar 180/34	39,20	30,66	78,30	77,40	Haupttransmission $n = 76{,}5$	Wassermenge 0,50—1,50 cbm i. d. Sek.
Kon. Getriebe 162/42	40,47	31,35	77,50			
	42,34	32,11	76,60			

= 77,2 % auf der Wasserradwelle.

Kugellager.

Zur Verminderung der Reibung der Wellzapfen und dadurch zu erlangender Steigerung des Wirkungsgrades möchte Verfasser die bereits bei Transmissionen, landwirtschaftlichen Maschinen, sowie der Fahrradindustrie allgemein eingeführten Kugellager als neu und beachtenswert empfehlen; die Lager haben wesentliche Verbesserungen erfahren, wodurch eine Abnützung der Wellen ausgeschlossen ist. Die glasharten Kugeln laufen zwischen einer Stahlbuchse und den aus Gußstahl gefertigten, gehärteten Lagerschalen. Die zwei bis drei Laufrinnen der Kugeln bilden gleichzeitig einen Ölbehälter und ist deshalb der Ölverbrauch ein sehr geringer, Warmlaufen der Lager fast unmöglich. Stahlkugeln dürften sich somit unseres Erachtens zu genanntem Zwecke eignen. Folgende Angabe möge nach Mitteilung der Gußstahlkugelfabrik Schwiebus über Tragfähigkeit ihrer Kugeln bei achtfacher Sicherheit Platz finden.

Durchmesser der Kugeln:	3/8	1/2	3/4	1″	engl.
	650	1160	2600	4600	kg Druck.

Bemerkungen zur Zusammenstellung der Versuchsergebnisse an Wasserrädern mit Überfalleinlauf.

(Seite 22 u. 23.)

Die Resultate der Bremsversuche an Wasserrädern mit Überfalleinlauf, welche von der Maschinenfabrik Geislingen in Geislingen ausgeführt und dem

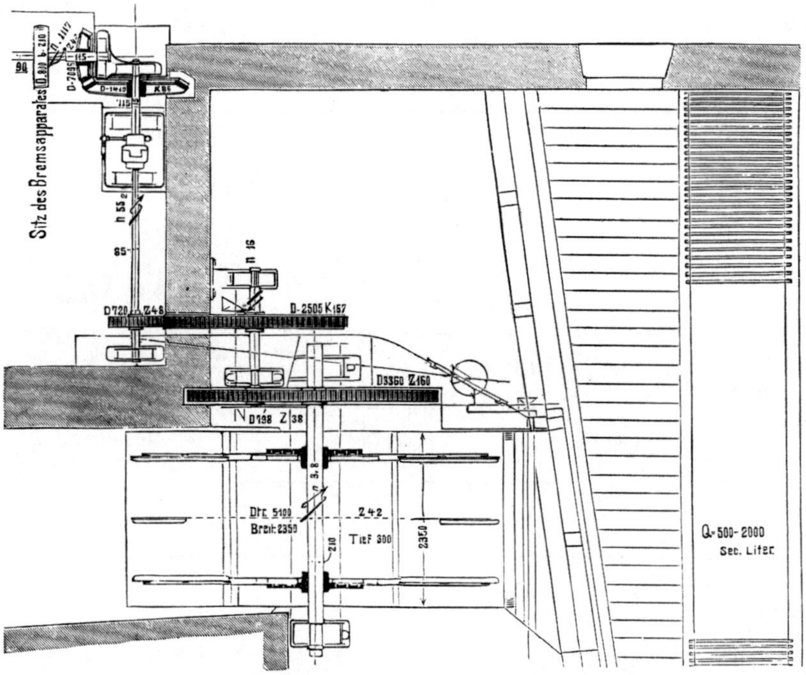

Fig. 11. Lageplan, I. Versuchsreihe.

Verfasser in dankenswerter Weise zur Benützung überlassen wurden, sind in Tabelle II, Seite 22 u. 23, zusammengestellt. Der Wirkungsgrad ist auf die Leistung der Räder, einschließlich Reibungsarbeit der Vorgelege bezogen. Da der Pronysche Zaum örtlicher Verhältnisse halber jeweils auf einer der Vorgelegwellen aufgelegt war, wurde notwendig, zur Bestimmung der wirklichen Arbeitsleistung des Wasserrades die Reibungsarbeit der Zahnräder, sowie die Lagerreibung der Wellen auf rechnerischem Wege festzustellen und zu der am

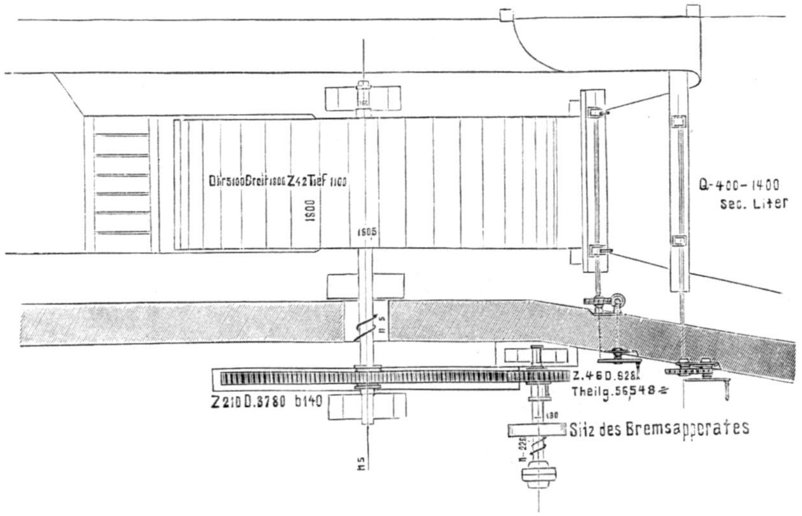

Fig. 12. Lageplan, II. Versuchsreihe.

Bremszaum gemessenen effektiven Leistung hinzuzuzählen. Für Zahnreibung ist ein Reibungskoeffizient von 0,15, für Lagerreibung ein solcher von 0,08 der Rechnung zu Grunde gelegt.

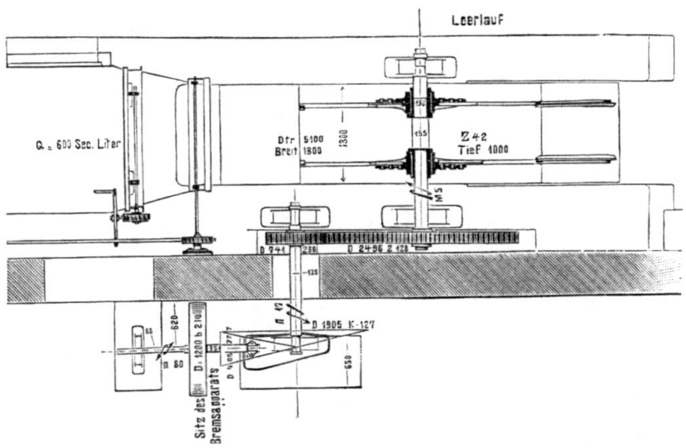

Fig. 13. Lageplan, III. Versuchsreihe.

Die Wassermengen wurden, mit Ausnahme bei der Bremsung am Wasserrad der Kunstmühle J. F. Kees in Gelnhausen, bei sämtlichen Versuchen mittels Woltmann'schen Flügels vorgenommen und das Meßprofil im Zulaufkanal vor den Rädern ausgewählt; der rechtwinkelige Querschnitt desselben wurde nach Teichmann'scher Methode eingeteilt.

Die Wassermenge für das Kees'sche Rad (III. Gruppe) wurde mit dem durch zahlreiche Versuche festgestellten Überfallkoeffizienten berechnet. Der Gesamt-

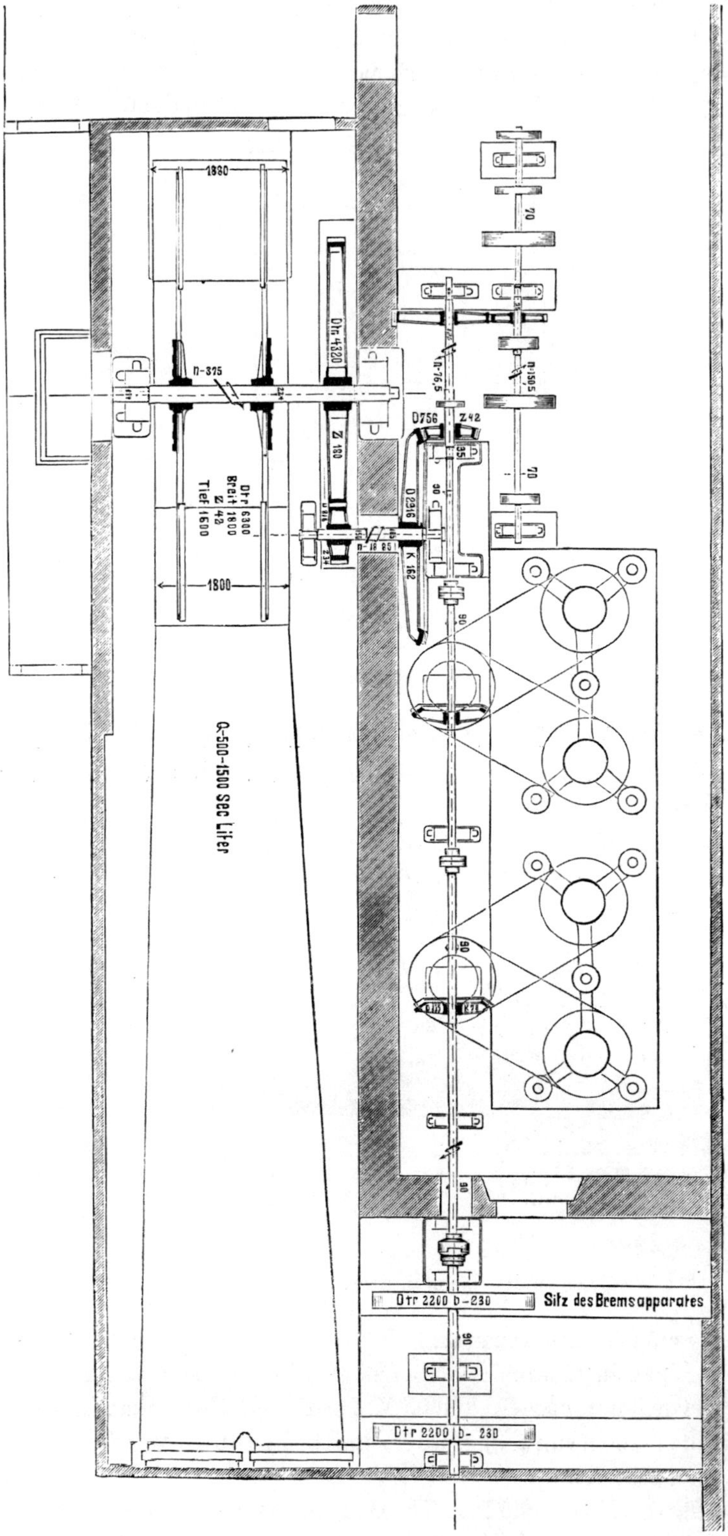

Fig. 14. Lageplan, IV. Versuchsreihe.

durchschnitt des Wirkungsgrades der vier Versuchsgruppen beziffert sich nach den Ergebnissen

= 77,2 % auf der Wasserradwelle,

wobei noch hervorgehoben werden mag, daß dieses günstige Resultat schon bei den mäßigen Kräften, auf welche sich die Messungen beziehen, erreicht wurde.

Das zur Aufstellung der Tabelle II, Seite 22 u. 23, benützte Material, sowie Kopien über die den Messungen unterstellten Wasserradanlagen sind besonderem Entgegenkommen der Maschinenfabrik Geislingen in Geislingen zu verdanken, wodurch es Verfasser möglich war, Grundlagen und Resultate der Messungen in eingehender Weise zu geben. Der geschätzten Firma gebührt auch an dieser Stelle verbindlichster Dank.

Fig. 11 (S. 24) läßt die Lage des Bremszaums auf der Haupttransmission bei den Messungen der ersten Versuchsgruppe unter 1,05 m Gefälle erkennen. Die berechnete Leistung (Spalte 12 Tabelle II, Seite 23) einschließlich Reibungsarbeit dreier Wellen mit drei Räderpaaren und acht Lagern bezieht sich bei den angestellten Versuchen auf reichlich Mittelwasser.

Für das unter 1,26 m Gefälle arbeitende Rad (Fig. 12, S. 25) ist das Resultat einer Messung mit 0,851 cbm i. d. Sek., desgleichen ein solches für volle Wassermenge (1,45 cbm i. d. Sek.) angegeben. Die Bremse war auf der ersten Vorgelegwelle angebracht; die Reibungsarbeit greift insich diejenige eines Getriebs und einer Welle in zwei Bodenlagern.

Dritte Versuchsgruppe (Fig. 13, S. 25) bei 1,8 bis 1,9 m Gefälle, umfaßt vier Versuche. Die Beobachtungen wurden mit annähernd halber Wassermenge begonnen und bis zu normaler Beaufschlagung (0,6 cbm i. d. Sek.) gesteigert. Der gefundene Wirkungsgrad zeigt trotz zunehmender Füllung des Rades auffallenderweise eine Abnahme, während eher das Gegenteil zu erwarten wäre. Verfasser vermutete für die ersten zwei Versuche einen Beobachtungsfehler bei der Wassermessung; die Leitung der Maschinenfabrik Geislingen wies jedoch darauf hin, daß, da bei dieser Anlage mehr Rücksicht auf Kleinwasser zu nehmen war, die Tauchung des Rades besonders für diesen Wasserstand berechnet wurde. Bei stärkerer Beaufschlagung ist die Füllung der Schaufeln ziemlich höher als der Unterwasserspiegel; diesem Umstand sei der geringe Rückgang des Nutzeffekts zuzuschreiben. Auch diese Messungen bestätigen, daß der Nutzeffekt der Überfallräder wesentlich vom richtigen Tauchen ins Unterwasser im Verhältnis zur Schaufelfüllung abhängt. Die Bremse war auf der zweiten Vorgelegwelle aufgelegt; zu überwinden war die Reibungsarbeit zweier Wellen in vier Lagern.

Letzte Versuchsreihe (Fig. 14, S. 26) giebt Resultate dreier Messungen, wobei die verbrauchte Wassermenge etwa $^3/_4$ der verfügbaren betrug. Bewegte tote Lasten fallen bei dieser Anlage ziemlich stark ins Gewicht; da außer der Haupttransmissionswelle (Länge 12,5 m, Stärke 90 mm, Zahl der Bodenlager 11), auf welcher vier Zahnräder sitzen, noch Lagerreibung der Vorgelegwelle und Zahnreibung zweier Hauptgetriebe zu überwinden war.

Zur Zusammenstellung der Bremsversuche an Überfallrädern ist schließlich zu bemerken, daß die Versuche von Zivilingenieuren oder im Beisein der Betriebsleiter der betreffenden Werke vorgenommen wurden.

Konstruktionsgrundlagen.

Hauptabmessungen.

Der Raddurchmesser.

Allgemeines. Der Raddurchmesser soll für vorteilhafte Wirkung des Wassers möglichst groß sein. Die untere Grenze dürfte bei 4,50 m im äußersten Falle bei 4 m liegen, entsprechend einem Gefälle von 1 bis 1,25 m, das Maximum bei 8 bis 9 m, über welche Größe hinaus wohl mit Rücksicht auf geringe Umlaufszahl nicht gegangen werden kann. Räder, wobei $D > 8$ m, sind jedoch selten. Der Stand der Radachse über dem Oberwasserspiegel, sowie beabsichtigte Tauchung sind vor allem maßgebend.

Gehen die Schaufeln 0,3 bis 0,5 m $= h_t$ im Unterwasser und steht das Radmittel 0,7 bis 1 m $= h_m$ über dem Oberwasserspiegel, so kann der Durchmesser gesetzt werden:

$$D = 2\,(H + h_t + h_m) \quad \ldots\ldots\ldots \quad (10)$$

wobei h_t beim Entwerfen eines neuen Rades sich aus Radbreite und Umfangsgeschwindigkeit ergiebt, h_m bei höheren Gefällen nach und nach bis auf 0 zurückgeht.

Bei konstantem Zufluß und Kraftbedarf kann man unter die nach Formel 10 gefundene Größe herabgehen, dagegen sind bei häufig auftretendem Stauwasser größere Durchmesser vorteilhafter, da die Räder dadurch länger im Gang erhalten werden und die Rückwirkung der stockenden Wassermasse nicht so nachteilig für den Radkörper auftritt. Für solche Verhältnisse muß jedoch durch kräftige Konstruktion getrachtet werden, den Lockerungen der Konstruktionsglieder und hauptsächlich den Vernietungen zu begegnen. Gußeisen ist deshalb mit Ausnahme der Radnaben ganz zu vermeiden.

Große Durchmesser gestatten eine günstige Lage der Schaufeln, geringe Krümmung derselben und stärkere Füllungsgrade, bedingen jedoch starke Radübersetzungen, somit teuere Motoren. Es kann hier nur vergleichende Kostenberechnung an der Hand der zu erwartenden Leistungen entscheiden, und dürften die Tabellen über ausgeführte Räder genügend Anhaltspunkte für die Wahl dieser Größe bieten. Man wird finden, daß einundderselbe Raddurchmesser unter verschiedenen Gefällshöhen arbeitet, je nachdem Kostenpunkt oder örtliche Verhältnisse diese Abmessung beeinflußten.

Der Frage der Schaufelzahl und mit dieser der Armzahl muß hier gleichzeitig Beachtung geschenkt werden, indem diese Größen unter sich in engem Zusammenhang stehen und nicht auf regelwidrigste Werte getrieben werden können; bei Bestimmung der Anzahl der Radschaufeln wird hierauf noch näher eingetreten.

Französische Konstrukteure, welchen wir auf dem Gebiete hydraulischer Motoren das meiste verdanken, gehen mit dem Raddurchmesser erheblich höher als bei deutschen Ausführungen üblich ist.

Ein von Décourt in Esonne gebautes Sagebien-Rad zeigt folgende Verhältnisse:

Wassermenge i. d. Sekunde	Q	$= 0{,}800$ cbm
Gefälle	H	$= 1{,}500$ m
Nutzleistung in Pferdekräften	N_n	$= 12$ bis 15
Raddurchmesser	D	$= 6{,}500$ m
Breite	B	$= 1{,}650$ m
Schaufelzahl	Z	$= 56$
Umdrehungen i. d. Minute	n	$= 1{,}85$
Umfangsgeschwindigkeit i. d. Sekunde	v	$= 0{,}630$ m

Dasselbe dient zum Betrieb einer Kunstmühle und arbeitet in recht befriedigender Weise.

Die geringe Umfangsgeschwindigkeit, welche diesen Rädern gegeben wird ($v = 0{,}6$ bis $0{,}9$ m i. d. Sekunde), bedingt mit Rücksicht auf einen gleichförmigen Gang große Durchmesser.

Brault Teisset & Gillet in Chartres (Eure et Loir) konstruieren seit mehr als 50 Jahren Wasserräder und Turbinen; ein von genanntem Haus für eine Spinnerei aufgestelltes Rad hatte:

Wassermenge i. d. Sekunde	$Q = 2{,}2$ cbm
Gefälle	$H = 2{,}200$ m
Nutzleistung in Pferdekr. auf der zweiten Vorgelegwelle mit der Bremse gemessen	$N_n = 52{,}8$ HP
Raddurchmesser	$D = 9{,}400$ m
Schaufelbreite	$B = 3{,}400$ m
Schaufelzahl	$Z = 90$
Radiale Tiefe	$a = 1{,}600$ m
Umdrehungen i. d. Minute	$n = 1{,}75$
Umfangsgeschwindigkeit i. d. Sekunde	$v = 0{,}860$ m
Wirkungsgrad	$\eta = 0{,}82$

Hieraus ist zu ersehen, daß bei diesen Rädern sehr günstige Resultate dadurch zu erreichen sind, daß dieselben mit geringer Geschwindigkeit im Unterwasser gehen und man dem Wasser die natürliche Geschwindigkeit, welche es auf seinem Laufe hat, mittels einer untergetauchten Schütze beläßt. Durch eine günstige Schaufelstellung halten sie bis zum Grund des Gefälles das Wasser zurück, dasselbe wirkt nur durch sein Gewicht und bleibt während der ganzen Dauer des Falles in Arbeit; hierdurch erhält man ein bedeutendes Güteverhältnis.

Dagegen ergab ein Rad mit Seitengetäfel und Kraftübertragung mittels Zahnkranz nach Zuppingers Prinzipien (von D. Straub in Geislingen ausgeführt) folgende Abmessungen:

Wassermenge i. d. Sekunde	$Q = 3$ cbm
Gefälle	$H = 2{,}00$ m
Nutzleistung in Pferdekräften	$N_n = 60$ HP
Raddurchmesser	$D = 6{,}600$ m
Schaufelbreite	$B = 3{,}750$ m
Schaufelzahl	$Z = 48$
Radiale Tiefe	$a = 1{,}650$ m
Umdrehungen i. d. Minute	$n = 3{,}5$
Umfangsgeschwindigkeit i. d. Sekunde	$v = 1{,}19$ m
Radius der Schaufelkurve	$r_s = 1{,}150$ m
Durchmesser der Drahtseilscheibe	$D_s = 3{,}600$ m
Seildicke	$s = 18$ mm
Umdrehungen i. d. Minute	$n = 110$

Bemerkenswerterweise enthält die technische Litteratur bis heute über die Bestimmung des Durchmessers für ein zu entwerfendes Überfallwasserrad nur ungenügende summarische Angaben, obgleich diese Abmessung unseres Erachtens eine der wichtigsten Fragen, welche beim Entwurf in Betracht kommen, darstellt. Von dieser Größe ist der Wirkungsgrad und Kostenpunkt des Motors unmittelbar abhängig, nach den Erfahrungen des Verfassers selbst die Zweckmäßigkeit der ganzen Anlage beeinflußt, weshalb in folgendem Abschnitt eine bewährte Formel entwickelt wird, die sowohl als Grundlage für die Konstruktion neuer, als auch zur Prüfung vorhandener Wasserräder dienen mag.

Bestimmung des Raddurchmessers für Überfallwasserräder (Tafel XVI).

Bei Berechnung des Durchmessers eines zu entwerfenden Überfallwasserrades ist von folgenden Erwägungen auszugehen:

Gegeben ist stets das Gefälle $= H$.

Die veränderlichen Unterwasserstände müssen für diese Räder zuerst sorgfältig erhoben und die erforderliche Füllung, sowie das

Eintauchen im Unterwasser $= h_t$

derart berechnet werden, daß beim Austritt des Wassers möglichst wenig Gefällsverlust stattfindet.

Außer dem Faktor h_t, der die normale Tauchung bezeichnet, ist auch ein Teil der Höhe der außergewöhnlichen Hinterwasserstände $= h_{tmax}$ zu berücksichtigen, die im Laufe des Jahres auftreten; der Raddurchmesser wird durch diese veränderliche Größe mitbestimmt, da hiervon die Gangfähigkeit bei alsdann nötigen, stärkeren Füllungen abhängig ist.

Der Durchmesser kann somit auch bei Gefällen von nur 0,8 bis 1 m, welche für diese Räder noch in Betracht kommen, nicht unter 4,50 m betragen, ebenso wird mit Rücksicht auf Herstellungspreis und minutliche Umdrehungszahl bei Gefällen von 3 bis 3,50 m und mehr diese Größe 8 m nur in Ausnahmefällen überschreiten können.

Die Wirkungsweise des Wassers in diesen Rädern bedingt eine bestimmte Höhenlage $= h_m$ der Radachse über den Oberwasserspiegel, dessen Veränderung ebenfalls zu berücksichtigen ist. Diese Höhenlage ist von verschiedenen Erwägungen abhängig. Sind keine örtlichen Hindernisse vorhanden, welche einen verminderten Durchmesser bedingen, und ist dem Konstrukteur freier Spielraum beim Entwurf gelassen, ebenso höchster Wirkungsgrad erwünscht, so beträgt h_m in der Regel 0,7 bis 1 m bei kleineren Gefällen, bei stark veränderlichem Hinterwasserstand geht h_m bis 1,20 m. Letzteres kann als ein Maximum angesehen werden. Öfters erreicht h_m jedoch nur die Hälfte obiger Werte, sobald konstruktive oder Kostenrücksichten eine Beschränkung der Radhöhe wünschenswert erscheinen lassen.

Durch Vergleichung einer großen Anzahl ausgeführter Räder für mannigfaltigste Kraft- und Betriebsverhältnisse wurde als Mittelwert gefunden $h_m = 0{,}80$ m. Als niedrigster Wert ergab sich $h_m = 0{,}160$ m bei einem Lokal $H = 2{,}640$ m, Raddurchmesser $= 6{,}20$ m (bedingt).

Am häufigsten erschien der Wert $h_m = 0{,}4$ bis 0,75 m, und nur zweimal fand sich $h_m = 1{,}20$ m bei $H = 1{,}1$ bis 1,2 m, bezw. $H = 1{,}35$ m.

Aus der Übersicht ergab sich, daß mit zunehmendem Gefälle h_m abnimmt, um bei den höchsten Gefällen, bei welchen noch Überfallräder mit Vorteil anzuwenden sind (ca. 3,50 m), fast ganz zu verschwinden.

Wir können die neue Formel für Berechnung des Durchmessers bei Überfallrädern daher folgendermaßen aufstellen:

$$D = 2 \cdot \left(H + h_t + \frac{h_{tmax} - h_t}{2}\right) + \frac{1}{H} \quad . \; . \; . \; . \; . \; (11)$$

In derselben bedeutet:

H = das normale Gefälle von Wasserspiegel zu Wasserspiegel,

h_t = die normale Tauchung der Schaufeln im Unterwasser,

$h_{t\,max}$ = die größte Tauchung bei stärkstem Zufluß, bei welchem das Rad noch gangfähig sein soll.

Die Berechnung der Eintauchung der Schaufeln im Unterwasser = h_t hat in folgender Weise zu geschehen.

Gegeben sei:

Q = Aufschlagmenge i. d. Sek. in Kubikmeter,

D = äußerer Raddurchmesser in Meter,

B = Schaufelbreite in Meter,

a = radiale Schaufeltiefe in Meter,

ε = Füllungsgrad,

k = Koeffizient für Verengung des Fassungsraumes durch körperlichen Inhalt des eingetauchten Teiles der Konstruktionsglieder zweier benachbarter Schaufeln (k allgemein = 0,88 bis 0,9 bei Holzschaufeln und = 0,95 bei Blechschaufeln),

v_1 = Geschwindigkeit des Rades im Schwerpunkt der Wasserfüllung in Meter i. d. Sek.

Es bestehen dann die Beziehungen:

$$\varepsilon = \frac{Q}{k \cdot a \cdot B \cdot v_1} \quad \ldots \ldots \quad (12)$$

$$Q = k \cdot \varepsilon \cdot B \cdot v_1 \quad \ldots \ldots \quad (13)$$

$$v_1 = \text{näherungsweise } \frac{(D - h_t) \cdot \pi \cdot n}{60} \quad \ldots \quad (14)$$

Die Formel für Berechnung des Füllungsgrades kann geschrieben werden:

$$\varepsilon = \frac{Q}{k \cdot a \cdot B \cdot \frac{(D - h_t) \cdot \pi \cdot n}{60}} \quad \ldots \quad (15)$$

woraus:

$$h_t = D - \frac{Q \cdot 60}{\varepsilon \cdot k \cdot a \cdot B \cdot \pi \cdot n} \quad \ldots \quad (16)$$

Man wird jedoch nicht immer die Tauchung nach der Formel berechnen und zwar meistens imfalle, wo nicht schon alle Dimensionen des Rades festgelegt sind, oder örtliche Verhältnisse eine bestimmte Grenze ziehen.

Unter solchen Umständen bedient man sich eines probeweisen Verfahrens, indem man der Rechnung eine angenommene mittlere Tauchung zu Grunde legt und prüft, wie sich die Verhältnisse hiernach gestalten. Es wird notwendig sein, die Rechnung zu wiederholen, bis ausreichende Übereinstimmung der Radgrößen mit Bezug auf Geschwindigkeit, Füllungsgrad u. s. w., entsprechend den gegebenen Konstruktionsgrundsätzen, stattfindet.

Der am häufigsten vorkommende Raddurchmesser liegt zwischen 5 und 7 m, die sich ergebende Tauchung der Schaufeln im Unterwasser h_t = 0,40 bis 0,60 m.

Der durch Rechnung gefundene Raddurchmesser wird nach Dezimeter aufgerundet.

Unterschied im Wirkungsgrad infolge veränderter Tauchung des Rades.

Es ist gesagt worden, daß die Tauchung des Rades keinen nachteiligen Einfluß auf das Güteverhältnis ausübe, wenn dieselbe nach der erforderlichen Füllung berechnet und dem Unterwasserstand entsprechend bestimmt wird. Unter sonst gleichen Umständen ist dies richtig für den Ober- und Unterkanal; d. h., wenn die Tauchung durch das natürliche Anwachsen des Wasserdurchflusses hervorgerufen wird.

Die Verhältnisse ändern sich jedoch, wenn der Aufstau nur im Unterkanal stattfindet, z. B. dadurch, daß derselbe in einen Wasserlauf mündet, der von der Aufschlagwassermenge am Rad unabhängig ist. Dieser Wasserlauf kann ansteigen und befindet sich in diesem Falle das Unterwasser auf einem höheren Stand als derjenige, welchen das Wasser in den noch im Kropf befindlichen Schaufeln einnimmt, wie Fig. 15 zeigt. Es ergiebt sich hierdurch nicht nur ein einfacher Höhenunterschied des Ober- nnd Unterwassers, sondern auch ein durch das Rad zu überwindender Widerstand, da es genötigt ist, das Unterwasser zurückzutreiben, welches sich nach Maßgabe, wie die Schaufeln dem Grund des Kropfes entsteigen, auf denselben festlegt und einen Druck in entgegengesetztem Sinne ihrer Bewegung ausübt. Man kann gestützt auf folgende Erwägungen den Arbeitsverlust berechnen, welcher von der nutzbaren Arbeit des Rades abzuziehen ist, der aus diesem Umstand entsteht.

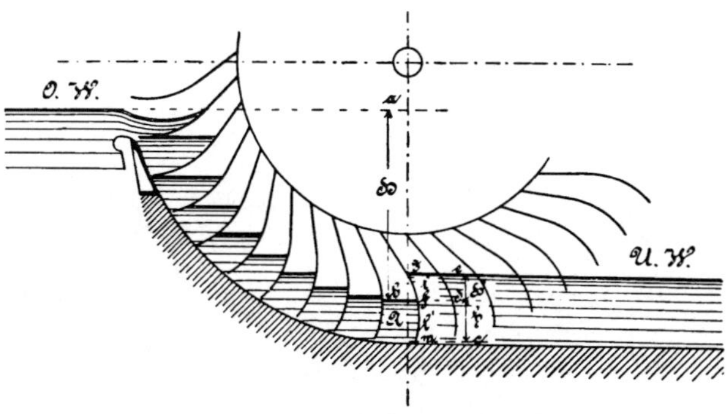

Fig. 15. Hoher Unterwasserstand.

Nennen wir H die Höhe $a\,b$ des totalen Gefälles, d. h. den Höhenunterschied des Wasserspiegels im Oberkanal bis zu demjenigen des Wassers in der Schaufel A, deren Spitze sich im Augenblick aus dem Kropf erhebt und sich in der Vertikalen unter der Achse des Rades befindet; h die Höhe $d\,c$ des Wassers in dieser Schaufel und H^1 die Höhe $e\,d$, Höhenunterschied des Wassers im Ablauf zu dem des Wassers in der Schaufel A. Nennen wir L die Breite des Rades, l die Länge des Teiles $g\,f$ der Schaufel und l^1 die Länge des Teiles $f\,m$ dieser Schaufel.

Der Teil $g\,f$ der Schaufel trägt im Mittel den Druck einer Wassersäule von einer Höhe $= \frac{H^1}{2}$ oder den Druck eines Wasservolumens $\frac{H^1}{2} \times L \times l$. Was den Teil $f\,m$ der Schaufel betrifft, so tragen alle Punkte derselben den Druck der Wassersäule H^1 oder den Druck eines Wasservolumens $= H^1\,L\,l^1$. Dies giebt ein rückwirkendes Gewicht von $\frac{H}{2} L\,l + H^1\,L\,l^1$ auf die Schaufel, welche dem Kropfe entsteigt, und handelt es sich darum zu bestimmen, was dieser Druck in Kilogrammmeter ausmacht. Ist D äußerer Raddurchmesser und n Zahl der Umdrehungen i. d. Minute, so wird die mittlere Geschwindigkeit der Schaufel dargestellt durch:

$$3{,}14 \frac{n}{60} D - \left(\frac{{}^1/_2\, l + l^1}{2}\right), \quad \ldots \quad (17)$$

was in Kilogrammmeter ergiebt:

$$3{,}14 \frac{n}{60} D - \left(\frac{{}^1/_2\, l + l^1}{2}\right) \times \left(\frac{H^1}{2} - L\, l + H^1\, L^1\, l^1\right) = K^1 \ . \quad (18)$$

Nennen wir K die theoretische Arbeit des Gefälles H, so ist $K - K^1$ der Teil, den wir in diesem Falle von der theoretischen Arbeit in Abzug bringen, von welcher unsere Radkonstruktion 75 bis 80 % ergeben muß.

Man hat am besten Gelegenheit, die Genauigkeit dieser Theorie in der Ausführung an Rädern dieses Systems bei Pumpwerken bestätigt zu finden.

Der Unterschied im effektiven Wirkungsgrad infolge veränderter Tauchung im Unterwasser wird jederzeit in Übereinstimmung gefunden mit den aus der Rechnung hervorgegangenen und unserer Betrachtung zu Grund liegenden Ergebnissen, die vorstehend entwickelt sind.

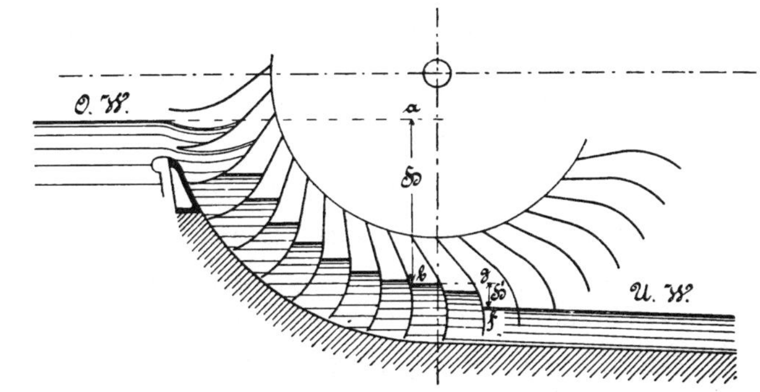

Fig. 16. Niederer Hinterwasserstand.

Gleicherweise ergiebt sich ein Gefällsverlust, wenn das Rad (Fig. 16) zu hoch eingebaut ist und die Wasserhöhe in den Schaufeln am Grund des Kropfes höher steht, als der Unterwasserspiegel. Der hieraus entstehende Gefällsverlust wird nach den Seite 8 angegebenen Regeln über Effektverluste bei Schaufelrädern berechnet und dem Austrittsverluste $\frac{v^2}{2g}$ zugeschlagen.

Dieser Gefällsverlust kann eintreten, wenn man infolge veränderlichen Wasserzuflusses genötigt ist, die Tauchung nach dem Kleinwasser zu bestimmen, aus welchem man die beste Wirkung ziehen muß. In diesem Falle erhalten die Schaufeln in der Höhe eine genügende Zugabe, um bei stärkerer Beaufschlagung zu vermeiden, daß Wasserverlust ins Innere des Rades stattfindet. Das Wasser, welches diese Zugabe in der Höhe einnimmt, wird jedoch nicht den gleichen Nutzeffekt ergeben, da am Unterwasserspiegel, woselbst das Wasser den kreisförmigen Teil des Kropfes im Untergraben verläßt, dieses zugegebene Quantum einen plötzlichen Sturz erleidet, was dem Verlust eines Teils des Gesamtgefälls gleichkommt (Seite 27).

Zur Ausgleichung sei übrigens bemerkt, daß zuzeiten, wo Wasser im Überfluß vorhanden, über eine Leistung verfügt werden kann, welche diejenige des normalen Standes, für den der Motor gebaut wurde, übersteigt und dabei also weniger mit dem Wirkungsgrad gerechnet werden muß.

Die Radbreite.

Die Radbreite ist abhängig von der Aufschlagsmenge, der Umfangsgeschwindigkeit, der radialen Tiefe und dem Füllungsgrade.

Eine allgemeine Regel, aus welcher diese Abmessung sofort bestimmt wird, läßt sich nicht ableiten, da örtliche Verhältnisse, Veränderlichkeit der Wasserstände und Kosten des Motors von maßgebendem Einfluß sind.

Die geringste für Überfallschaufelräder in Anwendung kommende Radbreite dürfte 0,80 bis 1 m betragen, entsprechend einer Zuflußmenge von ca. 300 Liter i. d. Sekunde.

Bei normalen Anlagen setzt man:

410 bis 660 Liter i. d. Sekunde Aufschlag für den Meter Radbreite und geht bei den stärksten Zuflußmengen bis auf ca. 1 cbm für den Meter Radbreite,

unter Voraussetzung einer Umfangsgeschwindigkeit von

$$v = 1{,}1 \text{ bis } 1{,}35 \text{ m i. d. Sekunde} \quad \ldots\ldots \quad (19)$$

Eine große Anzahl vom Verfasser geprüfter Räder ergab für die Beziehung:

$$\frac{\text{Wassermenge}}{\text{Radbreite}} = \frac{Q}{B} = 0{,}565 \text{ als Mittelwert} \quad \ldots \quad (20)$$

Dieses Verhältnis ist jedoch nicht konstant.

Je geringer die Wassermenge ist, destomehr wird dieser Quotient sich vermindern (Räder mit geringer Breite bei großem Durchmesser führen leicht seitliche Schwankungen aus), mit zunehmender Beaufschlagung dagegen wachsen, um die Radbreite nicht zu groß zu bekommen und die Stärkeverhältnisse auf unvorteilhafte Maße zu treiben.

Räder für niedere Gefälle sollen relativ breiter sein, damit durch geringe Füllung das Gefälle besser ausgenützt wird, andererseits wendet man bei höheren Gefällen stärkere Füllungsgrade an, damit der Wasserverlust durch die Spalten herabgezogen wird.

Mittelbar ist die Breite auch vom Durchmesser abhängig. Ist letzterer durch örtliche Verhältnisse bedingt (beschränkt), so sollte dementsprechend die Breite der Schaufeln wachsen, damit der Radkörper genügend aufnahmefähig für die verlangte Belastung wird. Räder, welche bei kleinem Durchmesser zu schmal sind, gehen ruckweise, da die im Rad wirksame Gefällshöhe mit jeder neuen Schaufelfüllung wechselt und der dicke Wasserstrahl einen starken Stoß ausübt.

Eine Schaufelbreite von 4 bis 5 m dürfte das Maximum für ein einzelnes Rad darstellen, da hierbei schon ganz bedeutende Dimensionen der Radelemente nötig werden und ein solcher Motor eine teuere Anlage bildet. Räder mit 100 bis 150 Pferdekräfte sind bereits eine Seltenheit; bei solchen Anlagen treten die Vorteile der Turbinen stark in den Vordergrund. Nur bei großer Veränderung der Wassermenge und des Kraftbedarfs wird die Wahl bei diesen Verhältnissen auf ein Rad fallen.

Vorbehaltlich späterer Abrundung setzen wir beim Entwerfen eines Rades den Ausdruck:

$$\frac{Q}{B} = 0{,}35 \text{ bei } 300 \text{ bis } 500 \text{ Liter i. d. Sekunde}$$

$$= 0{,}4 \quad „ \quad 500 \; „ \; 800 \quad „$$

$$= 0{,}5 \quad „ \quad 800 \; „ \; 1200 \quad „$$

$$= 0{,}6 \quad „ \quad 1200 \; „ \; 1800 \quad „$$

$$= 0{,}7 \quad „ \quad 1800 \; „ \; 2500 \quad „$$

$$= 0{,}8 \quad „ \quad 2500 \; „ \; 3500 \quad „$$

$$= 0{,}9 \quad „ \quad 3500 \; „ \; 5000 \quad „$$

oder allgemein $B = \frac{Q}{0{,}3 + \frac{Q}{5}}$ (Q = Wassermenge in Kubikmeter) . (21)

Etwa 5 cbm Zufluß i. d. Sekunde können als Maximum für ein einzelnes Rad angesehen werden. Größere Wassermengen werden besser auf mehrere Räder verteilt. Ein interessantes Beispiel einer solchen Kraftverteilung bietet die großenteils durch den Verfasser nach den Plänen des Herrn Prof. Teichmann in Stuttgart ausgeführte Wasserradanlage der Stadt Heilbronn. (Siehe Zeitschr. d. V. d. Ing., Bd. XXXI, S. 270, und Bd. XXXII, S. 53.) Hier, wo bei Minimalwasserstand mit 4,85 cbm i. d. Sekunde und bei mittleren Wasserständen mit 6,65 bis 9,68 cbm i. d. Sekunde und während eines großen Teils des Jahres mit noch höheren Wasserständen, als den obigen, gearbeitet wird, sind die Motoren für einen normalen Wasserverbrauch von 6 bis 10 cbm i. d. Sekunde konstruiert, der auf 12 cbm gesteigert werden kann; es müssen jedoch auch kleinere Wassermengen gut ausgenützt werden.

Das Gefälle bei den Motoren beträgt je nach dem Wasserstand 2,12 bis 2,20 m. Der Durchmesser der Räder ist 7 m. Gesamtbreite der fünf Räder $\Sigma B = 10$ m, effektive Leistung ca. 200 HP. und das Verhältnis $\frac{Q}{B} =$ 0,6 bis 0,9 bei normalem Wasserstand und $\frac{Q}{B} = 1$ bis 1,2 bei Hochwasser. (Vgl. Beschreibung dieser Anlage und Kraftmessung eines Rades auf Seite 83.)

Tiefe, Schaufelzahl, Armzahl, Umfangsgeschwindigkeit, Füllungsgrad.

Die radiale Tiefe der Schaufeln a nimmt man gewöhnlich zwischen folgenden Grenzen:

bei geringen Wassermengen bis 0,5 cbm $a = 1$ bis 1,25 m . . . (22)
bei mittleren bis 1,5 cbm $a = 1{,}25$ bis 1,50 m
bei größeren Wassermengen $a = 1{,}50$ bis 2,20 m

und berücksichtigt hierbei, daß bei häufig eintretendem Stauwasser mit stärkeren Füllungen gearbeitet und dementsprechend die Schaufel genügend weit gegen die Achse hin verlängert werden muß, um Überfließen zu vermeiden. Man kann auch beim Entwurf für die radiale Tiefe setzen:

bei Q bis 0,5 cbm $a = \frac{D}{6}$ bis $\frac{D}{5}$

bei Q bis 1 cbm $a = \frac{D}{5}$ bis $\frac{D}{4}$

bei größeren Wassermengen $a = \frac{D}{4}$

Die Schaufelteilung t betrage im Mittel ca. 0,45 m, somit die Schaufelzahl Z vorläufig:

$$Z = \frac{D \cdot \pi}{0{,}45} \tag{23}$$

welchen Wert man immer auf eine ganze und durch die Arme teilbare Zahl abrundet. Vonseiten einiger Konstrukteure werden auch ungerade Armzahlen, 5 — 7 — 9, empfohlen. Bei $D = 6$ bis 6,50 m genügen 6 Arme, darüber hinaus 8 Arme und bei Rädern mit $D > 8 = 10$ Arme.

Mit Hartnäckigkeit halten einige Werkstätten daran fest, die Arme durch den Schaufelkranz bis zum äußersten Ring nach Fig. 22 (S. 77) durchlaufen zu lassen und versprechen sich von dieser Ausführungsart besondere Vorteile für die Festigkeit des Rades. Eine Notwendigkeit, nach dieser Weise zu konstruieren, liegt nicht vor, abgesehen davon, daß ihr mehrere Mängel anhaften. Erfahrungsgemäß läßt man die Arme nur bis zum Schaufelkranz reichen und sorgt hier nach den Vorlagen auf den Tafeln im Atlas für ausreichende Verbindung des Schaufelkranzes mit dem Armsystem. Bei diesen Konstruktionen tritt die Wirkung der Arme doch auch in den Radkranz hinein und zwar findet eine starre Verbindung des ganzen Radkörpers, entweder durch Übertreten der Schaufelstiele auf den innersten Flachring oder durch die im Radkranz verteilten Stützen, welche einen sternförmigen Gitterträger aus dem Schaufelkranz herstellen, statt. In beiden Fällen wird ein Fachwerksträger gebildet, der genügend Festigkeit besitzt, um das auftretende Kraftmoment, sowie seitliche Schwankungen mit ausreichender Festigkeit und Stabilität aufzunehmen.

Durch Hineinragen der Arme in das Schaufelsystem werden die Schaufeln durchbrochen, was für Befestigung und Dauer derselben ungünstig wirkt, da man infolge dieser Anordnung keine durchlaufende ganze Bohlen bekommt. Es wird versucht, die unterbrochenen Stellen durch Blechstücke und Holzsegmente zu verschließen, was jedoch weitere Unterstützungsmittel und Flickereien notwendig macht und Anlaß zu frühzeitigen Undichtheiten und Ausbesserungen giebt, ganz abgesehen davon, daß Arme zwischen den Schaufelräumen den freien Querschnitt vermindern und die Wasserbewegung stören. Wenn die Verbindungen nach den angegebenen Figuren hergestellt werden, so darf man über genügende Befestigung der Arme mit dem Schaufelkranz beruhigt sein; in der Praxis ist noch kein Fall bekannt, daß bei konstruktiver Durchbildung nach der in Vorschlag gebrachten Ausführungsart ein Mangel entstanden wäre, selbst bei Kraftübertragungen bis 80 HP. und darüber; sowohl bei normaler Beanspruchung, als auch bei höchstem Staugang haben sich diese Formen als vollkommen betriebsicher erwiesen. Passende Verhältnisse über Schaufelzahl, Armzahl u. s. w. bei verschiedenen Durchmessern zeigt nachstehende Übersicht.

Übersicht über Schaufelzahl, Teilung und Armzahl.

Rad-Durchmesser m	Umfang $D\pi$ m	Schaufelzahl Z	Schaufelteilung t m	Armzahl A	Bemerkungen
10,00	31,416	70	0,448	10	
9,00	28,274	60	0,471	10	
8,50	26,704	63	0,423	9	
8,50	26,704	56	0,476	8	
8,00	25,133	54	0,465	9	
8,00	25,133	48	0,523	8	große Wassermenge
7,50	23,562	54	0,436	9	
7,50	23,562	48	0,490	8	
7,00	21,991	48	0,458	8	
6,50	20,420	42	0,486	6	
6,50	20,420	42	0,486	7	
6,50	20,420	40	0,510	8	große Wassermenge
6,00	18,850	42	0,448	6	kleine "
6,00	18,850	42	0,448	7	mittlere "
6,00	18,850	40	0,471	8	
6,00	18,850	36	0,523	6	große "
5,80	18,221	42	0,431	6	
5,50	17,279	36	0,479	6	
5,50	17,279	40	0,432	8	kleine Wassermenge
5,50	17,279	35	0,493	7	
5,00	15,708	36	0,436	6	
4,50	14,137	30	0,471	6	
4,00	12,566	30	0,418	6	
Mittelwert der Schaufelteilung = 0,466 m					

Das Rad arbeitet günstig, wenn die normale Umfangsgeschwindigkeit i. d. Sekunde:

$$v = 1{,}1 \text{ bis } 1{,}35 \text{ m}$$

beträgt, im allgemeinen wird dieselbe zu 1,20 m i. d. Sekunde angenommen und ist für verschiedene Gefälle und Wassermengen ziemlich konstant.

Die Füllung ε oder das Verhältnis zwischen dem Inhalt der Wassermasse, welche ein Schaufelraum aufzunehmen hat, und dem Fassungsvermögen eines solchen betrage:

$$\varepsilon = 0{,}4 \text{ bis } 0{,}5 \quad \dots\dots\dots \quad (24)$$

Bezeichnet a die radiale Dimension der Schaufeln, B die Schaufelbreite, v_1 die Geschwindigkeit im Schwerpunkt der Wasserfüllung, so ergiebt sich der Füllungsgrad mit Rücksicht auf die Schaufeldicke:

$$\varepsilon = 1{,}11 \times \frac{Q}{a\,B\,v_1} \quad \dots\dots\dots \quad (25)$$

Dabei ist berücksichtigt, daß der körperliche Inhalt der Holzschaufeln und ihrer Befestigungsteile durchschnittlich etwa 11 % des Fassungsraumes ausmacht.

Bei eisernen Schaufeln ist dieser Zuschlag 3 bis 5 % und daher der Füllungsgrad:

$$\varepsilon = 1{,}05 \times \frac{Q}{a\,B\,v_1} \quad . \quad (26)$$

Die vorzugsweise für die Theorie in Betracht kommenden Teile eines Wasserrades sind seine Schaufeln, welche zur unmittelbaren Aufnahme des Wasserdruckes dienen. An den beiden ebenen ringförmigen Seitenflächen ist der Schaufelkranz bei Zellenrädern körperlich abgeschlossen, bei Schaufelrädern nicht immer, vielmehr sind Schaufelräder mit seitlich geschlossenem Schaufelkranz und solche mit seitlich offenem Schaufelkranz zu unterscheiden. Bei Darstellung der zweckmäßigsten Schaufelform sind nur letztere in Betracht gezogen, da, wie bereits a. a. O. bemerkt, der seitliche Abschluß der Schaufelräder keinen wesentlichen Vorteil bietet.

Die zweckmäßigste Schaufelform.

Die Sagebien-Räder französischer Konstrukteure haben gerade Schaufeln (Fig. 31, Seite 117), selten sind sie mit kurzem, geknicktem Vorderansatz versehen. Für den Wasseraustritt ist diese Form zwar nicht günstig, verursacht aber am Eintritt geringe Stoßverluste und einen solchen Neigungswinkel der eingetauchten Schaufel gegen den Oberwasserspiegel, daß die Schaufeln dort, wo während der Füllung und zu Ende derselben Überfließen am ehesten stattfinden könnte, eine diesem vorbeugende hinlänglich steile Lage haben; auch kommen dadurch die Schaufeln mehr in die Richtung der relativen Zuflußgeschwindigkeit, welche hier stark aufwärts gerichtet ist.

Hölzerne Schaufelstiele gestatten keine rationelle Krümmung der Schaufeln, weshalb wenig unterschlächtige Holzräder mehr gebaut werden. In den letzten 25 Jahren kamen auch Façoneisen: ungleichschenklige Winkeleisen für Stiele und U-Profile für Arme, mehr und mehr in Aufnahme und ermöglichen die Herstellung des Radkörpers als geschlossenen ringförmigen Fachwerksträger, dem die nötige Stabilität gegen auftretende Kräfte gegeben werden kann. Durch rotwarm geschlagene Nieten an allen Verbindungen in ausreichender Anzahl erhält das Radgerippe Festigkeit und bietet die für hydraulische Motoren unbedingt notwendige Sicherheit gegen Betriebsstörungen.

Zur Erzielung möglichst hohen Nutzeffekts ist es geboten, schädliche Widerstände nach Thunlichkeit zu vermeiden. Diese werden hervorgerufen einesteils durch die Reibung des Wassers an den Schaufelflächen, andernteils durch Verschiebung der Wasserteilchen unter sich und der dadurch hervorgerufenen inneren Arbeit. Veranlassung zu letzterer Wirkung giebt nicht nur der Stoß, sondern auch jede Geschwindigkeits- und Richtungsänderung des Wassers. Solche Änderungen, soweit sie unvermeidlich sind, werden um so weniger nachteilig sein, in je geringerem Maße und mit je größerer Gleichmäßigkeit sie stattfinden. Es wird also besonders darauf ankommen:

1. die Einfluß- und Durchflußgeschwindigkeit so gering wie möglich zu machen, da die Reibung in quadratischem Verhältnis mit der Geschwindigkeit wächst;
2. jeden Stoß des Wassers zu vermeiden;

3. möglichst flache Schaufeln in Anwendung zu bringen, damit starke Krümmung der in die Schaufeln fallenden Wasserströme, soweit wie thunlich, vermieden wird.

Unter allen Schaufelformen, welche sich unter Zugrundlegung der gegebenen Neigungswinkel konstruieren lassen, bieten die kreisförmig gebogenen zwar die wenigst scharfe Krümmung dar, aber zu gleichförmiger Ablenkung des Wassers auf seinem absoluten Wege sind sie — Reibung und Raumverengung wegen — bei begrenzter Anzahl nicht so geeignet als Schaufeln von ungleicher Krümmung. Der von zwei benachbarten Schaufeln geformte Kanal soll nach seiner Mündung hin möglichst geringe Krümmung und Konvergenz haben. Zu diesem Zweck müssen die Schaufelenden schwach gekrümmt oder gerade auslaufen, bei Bestimmung der Schaufelzahl muß hierauf insofern Rücksicht genommen werden, als in demselben Verhältnis die Konvergenz vermindert, als die Anzahl der Schaufeln vermehrt wird.

Man formt daher die Schaufeln entweder nach einer Kurve von stetig wachsendem Krümmungsradius, oder nach einer Kurve, an welche sich ein Stück gerade Linie anschließt. Die Kurve kann auch durch einen oder mehrere Kreisbogen gebildet sein, an welche sich vorne und hinten gerade Linien anschließen. Als Grundlage der Konstruktion kann die Evolvente genommen werden.

Wir teilen die Schaufelform, Tafel XIV, in drei Teile und bezeichnen:

Die Strecke AB als Vorschaufel
" " BC " Mittelschaufel und
" " CD " Hinterschaufel

ferner mit r_1 den Radius für das äußere Schaufelelement AB
" r_2 " " " die Mittelschaufel

und mit d_2 den Durchmesser eines konzentrischen Kreises mit Halbmesser $= \frac{d}{2}$; dieser ist Tangentialkreis des Neigungswinkels φ der Schaufeln, da jede an ihn gelegte Tangente die Peripherie des Rades unter dem $\measuredangle\ \varphi$ schneidet.

Hier sei noch bemerkt, daß sogen. Rückschaufeln unzweckmäßig sind. Die radiale Tiefe der Schaufelräume soll derart bemessen sein, daß solche überhaupt nicht notwendig werden. Rückschaufeln verursachen Hin- und Herschwingen des Wassers in den Schaufelräumen und einen Wasserstoß in der Richtung gegen die Radachse; außerdem bieten sie Veranlassung zum Heben von Wasser bei großem Tiefgang (starkem Hinterwasserstand).

Für die Konstruktion einer Radschaufel setzen wir fest:

Die Vorschaufel AB, deren Breite gewöhnlich zwischen 0,19 bis 0,27 m genommen wird, oder

$$AB \text{ bei kleineren Wasserquanten} = \frac{a}{5} \quad . \quad . \quad (27)$$

$$\text{„ größeren „} = \frac{a}{6} \quad . \quad . \quad . \quad . \quad (28)$$

sei entweder gerade oder nach Kreisbogen gekrümmt, dessen kleinster Radius $r_1 = 1$ m beträgt, und dessen größter $r_1 = 1{,}8$ m nicht überschreitet, bei ihrer geringen Ausdehnung sich daher einer Geraden nähert, wenn man nicht vorzieht, dieselbe einfach geradzurichten, was zur Vermeidung des Aufschlagens auf das Wasser beim Eintritt, hauptsächlich bei höheren Gefällen, empfehlenswert ist. Der Mittelpunkt des Kreises r_1 liegt in der Nähe der Peripherie des Rades oder nahe derselben; es soll getrachtet werden, daß das Überstehen des äußeren Schaufelelementes über den Radius: Entfernung des Punktes A von A_1 nicht viel mehr als 3 cm beträgt.

Die Krümmung BC ist Kreisbogen mit dem Radius $r_2 = 0{,}8$ bis 1,1 m, je in geradem Verhältnis zur radialen Tiefe. Nur bei ganz tiefen Rädern kann r_2 bis 1,5 m gehen.

Die Strecke CD ist Tangente an den Kreis mit dem Radius r_2 und an denjenigen, welcher vom Mittelpunkt des Rades mit $\frac{d}{2}$ beschrieben wird.

d ist unmittelbar abhängig vom Gefälle und kann beim Entwerfen etwa gesetzt werden:

$$d = H + h_t \quad . \; . \; (29)$$

Der Neigungswinkel φ ist eine Funktion der beiden Halbmesser $\frac{D}{2}$ und $\frac{d}{2}$, somit:

$$\operatorname{tang} \varphi = \frac{d}{D} \quad . \; . \; (30)$$

Winkel φ beträgt gew. 20 bis 30^0 und wächst proportional mit dem Gefälle.

Da Vorder- und Hinterseite einer Schaufel keine Parallelflächen sind, empfiehlt es sich, dem Schaufelstiel die konstruierte Krümmung zu geben und die Schaufeldicke nachher anzutragen.

Die Schaufeln müssen so stark sein, daß ein Durchbiegen durch den Wasserdruck unmöglich, ferner, daß auch ihre Verbindung mit den Radkränzen eine so feste ist, daß die Steifigkeit des ganzen Systems dem Drehmoment gegenüber eine genügende wird. Schaufeln von ungleicher Dicke sind deshalb auch mit Rücksicht auf Materialaufwand und Eigengewicht empfehlenswert; eine allgemeine Formel für die Schaufeldicke kann nicht aufgestellt werden, die Wahl derselben muß vielmehr in jedem besonderen Falle dem Ermessen des Konstrukteurs anheimgegeben bleiben.

Bei Rädern von 1 bis 1,5 m Breite macht man die Schaufeldicke $\delta = 3$ bis 3,5 cm und verjüngt sie hinten auf $\delta_1 = 2{,}5$ bis 3 cm; bei Rädern von großer Breite und starker Füllung geht man bis 5 cm Holzstärke der Vorschaufel und 4 cm Dicke der Hinterschaufel.

Für mittlere Verhältnisse, d. h. für Räder mit $N_n = 25$ bis 50 HP., kann gesetzt werden:

$$\delta = 4 \text{ bis } 4{,}5 \text{ cm} \quad (31)$$

$$\delta_1 = 3 \;\text{„}\; 3{,}5 \;\text{„} \quad . \quad (32)$$

Die Stärke der Holzschaufeln beträgt bei Rädern für kleinere Kräfte wie bereits angegeben gewöhnlich 3 bis 3,5 cm.

Will man sich zur Bestimmung dieses Radelements einer Regel bedienen, so kann bei stärkeren Wasserrädern die Schaufeldicke δ auf der Grundlage:

$$\delta = 3 + \frac{a}{100} \text{ cm} \quad . \; . \; . \qquad . \; (33)$$

gewählt werden.

Die Schaufeln sind aus frischem Forchenholz gefertigt. Das Gewicht von 1 qm Schaufelfläche aus Forchenholz mit Hartholzvorschaufel kann bei einer durchschnittlichen Stärke von 44 mm zu 22 kg pro qm gesetzt werden. Das Gewicht der Schaufeln, wenn sie Wasser gesogen haben, macht somit einen beträchtlichen Teil des ganzen Radgewichtes aus.

Daß die relative Eintrittsgeschwindigkeit möglichst gering ausfällt, ist deshalb wichtig, weil dadurch die nicht ganz zu vermeidende Stoßwirkung des Wassers gegen die Schaufelenden, Reibungswiderstände am Eintrittsumfang und damit verbundene Effektverluste ein Minimum werden. Aus diesem Grunde werden die Schaufelenden, soweit es Haltbarkeit und Verschleiß gestatten, zugeschärft nach den Fig. 17 angegebenen Formen.

Die Befestigung der Schaufelbretter auf den eisernen Stielen erfolgt durch 13 mm dicke ($^1/_2$" engl.) Mutterschrauben mit 4 ct. Köpfen und 6 ct. Muttern

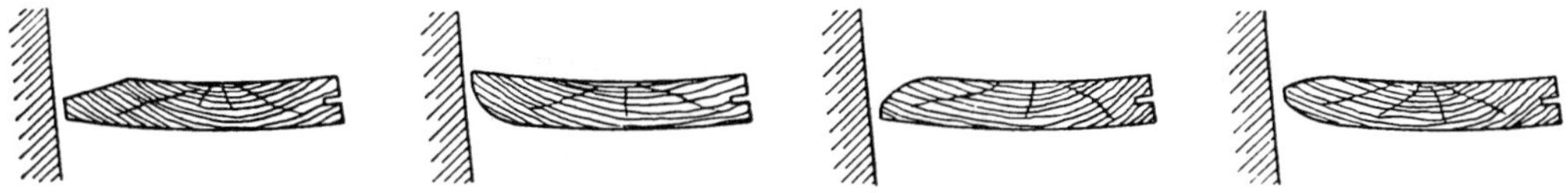

Fig. 17. Vorschaufelformen.

und unterlegter, schmiedeeiserner Schiene. In die mittels Kreissäge eingearbeitete Nut der einzelnen Bretter werden Federn aus Bandeisen eingelegt (Dimensionen 26×2). Als Schaufelmaterial hat sich Forchenholz bis jetzt am besten bewährt, manchmal wird auch die erste Bohle (Vorschaufel) aus Hartholz (Buche oder Eiche) ausgeführt. Um die Radschaufeln in gleichmäßiger Stärke zu bekommen, werden sie nach Blechschablonen ausgehobelt.

Eiserne Schaufeln mögen infolge geringer Dicke einigen Vorteil in Bezug auf den Nutzeffekt bieten, ihre Herstellung ist jedoch mit erheblichen Kosten verbunden, das Gewicht wird besonders bei breiten Rädern groß; dagegen sind Holzschaufeln durch billige Herstellung und Zusammensetzung, sowie genaue Einstellung in den Radkropf und hauptsächlich auch durch leichte Ausbesserungsfähigkeit empfehlenswerter.

Seitlich geschlossene eiserne Kulissenräder mit Blechschaufeln verursachen wie oberschlächtige Wasserräder bedeutenden Aufwand an Material und Arbeit; deren Konstruktion kann nur bei höheren Gefällen mit stark veränderlichen Wassermengen in Betracht kommen; für mäßige Kräfte sind dieselben zu teuer. Baudirektor Prof. v. Bach hat dieses System in seinem Werk: „Die Wasserräder“ in eingehender und mustergiltiger Weise behandelt, weshalb, wenn es sich um die Anlage eines solchen Rades handelt, auf dasselbe verwiesen sei.

Die Breite der einzelnen Bohlen ist von der radialen Tiefe des Rades und der Schaufelkrümmung abhängig, es ist üblich, in der Krümmung liegende Stücke etwa 20 bis 25 cm breit und flache Schaufelbretter mit nicht über

30 bis 35 cm Breite auszuführen. Die Anzahl der Befestigungsschrauben beträgt für eine Bohle auf jedem Schaufelstiel zwei Stück.

Bemerkungen zur Wahl der Radelemente.

Für die Mehrzahl der fraglichen Radelemente sind solche Verhältnisse anzunehmen, welche sich bewährt haben. An diese erfahrungsmäßigen Mittelwerte darf man sich nicht zu streng binden, auf Grund der in Vorausgegangenem bestimmten Effektverluste läßt sich vielmehr beurteilen, in welchem Sinne sie in einem gegebenen Falle ohne wesentliche Umgestaltung zu ändern sind, je nachdem es mehr darauf ankommt die Kosten möglichst klein oder den Wirkungsgrad möglichst groß zu erhalten. Auch durch örtliche Verhältnisse und besondere Art der gewählten Konstruktion können Abweichungen bedingt werden, welche der jeweiligen Beurteilung anheimgestellt bleiben müssen.

Der Durchmesser D ist nach getroffener Wahl bei der Art des Rades im großen und ganzen durch das Gefälle H bestimmt. In Betreff des Verhältnisses der Geschwindigkeiten c und v, durch welches nach der Annahme von v auch c gegeben und somit:

$$h = (1 + \xi) \frac{c^2}{2g} \quad . \quad (34)$$

gesetzt werden kann, ist von folgenden Erwägungen auszugehen:

Für eine kleine Umfangsgeschwindigkeit spricht der Umstand, daß aus mehreren Gründen der Wirkungsgrad mit abnehmendem v wächst; insbesondere sind stets Gefällsverluste, sowie auch Effektverluste um so kleiner, je kleiner v.

Je kleiner aber v, desto größer müssen wegen $Q = \varepsilon a B v_1$ unter sonst gegebenen Umständen a und B gemacht werden, wodurch die Kosten des Rades wachsen. Wenn ferner, wie gewöhnlich, die zu treibenden Arbeitsmaschinen schneller umlaufen müssen, so wächst die Übersetzung mit abnehmendem v und ist dann kostspieliger und wegen Reibung mit größerem Arbeitsverlust verbunden.

Der Füllungsgrad $\varepsilon = \frac{Q}{a B v_1}$ ist, um die Dimensionen a und B, somit die Kosten des Rades möglichst klein zu erhalten, so groß zu nehmen, als es die Rücksicht auf den Wirkungsgrad gestattet. Bei freihängenden Zellenrädern wächst aber h_2 erheblich mit ε, wozu bei unventilierten Zellen noch das Bedürfnis eines kleinen, dem Füllungskoeffizienten proportionalen Einlaufbogens hinzukommt. Bei Kropfrädern ist zwar ein großes ε vorteilhaft, doch setzt die Gefahr des Wasserverlustes ins Innere des Rades eine Grenze, um so eher, je höher im Rade das Wasser einfließt.

Was die Dimensionen a und B betrifft, so ist, nachdem v und ε Obigem zufolge angenommen sind, zunächst ihr Produkt aB durch Gleichung $Q = \varepsilon a B v_1$ bestimmt. Daraus folgt B, wenn für a ein erfahrungsmäßig passender Wert angenommen wird.

Die Teilung t des Rades betreffend, durch welche in Verbindung mit dem Durchmesser D auch die Schaufelzahl Z bestimmt ist, hat die Untersuchung der Effektverluste eine enge Schaufelteilung als vorteilhaft erwiesen. Auch giebt es für jede Schaufel eine gewisse günstigste Lage gegen den einfließenden Wasserstrahl, und muß es schon deswegen vorteilhaft sein, daß, wenn eine Schaufel jene

Lage überschritten hat, baldmöglichst die nachfolgende an ihre Stelle tritt. Indessen wird durch konstruktive und ökonomische Erwägungen, sowie mit Rücksicht auf ε der Vergrößerung von Z eine Grenze gesetzt.

Der mäßig angenommenen Umfangsgeschwindigkeit v ist es hauptsächlich zuzuschreiben, daß der Wirkungsgrad noch etwas größer gefunden wird, als für oberschlächtige Räder bei geringeren Werten von H. Der Wirkungsgrad läßt sich auch dadurch steigern, daß man das Stoßgefälle vermeidet, oder wenigstens erheblich vermindert, indem man das Aufschlagwasser mit derselben oder mit nur mäßig größerer Geschwindigkeit, als es im Gerinne zufließt, in das Rad einströmen läßt, und welche dann im allgemeinen erst im Rade, indem von diesem das Wasser mitgenommen wird, in eine mittlere Geschwindigkeit:

$$v_1 < v \qquad \text{(35)}$$

übergeht.

Der zwischen den Schaufeln und dem Gerinnboden liegende Raum, der wasserhaltende Teil des Schaufelkranzes, wird, abgesehen von den Schaufeldicken, fast vollständig vom Wasser erfüllt. Unter solchen Umständen rühren die Effektverluste fast allein vom Gefällsverlust $\frac{v^2}{2\,g}$ und dem Wasserdurchfluß durch die Spielräume her, deren Verkleinerung nur Sache einer sorgfältigen Ausführung ist, wodurch jedoch die Möglichkeit der Einklemmung durchschwimmender Gegenstände vergrößert wird und Schaufelbeschädigungen viel eher entstehen können. Wesentlich bei der Anordnung solcher Räder ist die passende Annahme der Dicke a_1 des dem Rade zufließenden Wasserstroms. Ist c dessen mittlere Geschwindigkeit an fraglicher Stelle unmittelbar vor dem Eintritt in das Rad und V das vom Querschnitte des Schaufelkranzes in der Sekunde durchlaufene Volumen mit Zurechnung der Spielräume und Abrechnung der von den Konstruktionsteilen des Rades erfüllten Räume, so folgt entsprechend der Forderung, daß der daraus resultierende Inhalt zumeist von Wasser erfüllt sein soll:

$$a_1 \,.\, B \,.\, c = V,\ B = \frac{V}{a_1\, c},\ a_1 = \frac{V}{B\, c} \qquad \text{(36)}$$

Diese Beziehung haben wir bereits Seite 32 u. 33 eingehend dargelegt und entsprechende Anhaltspunkte gegeben.

Die Wassermenge, welche über das Überfallpolster bei diesen Rädern in der Sekunde abfließt, ist von Stärke und Stellung der Schaufeln, von der Radschütze und Umfangsgeschwindigkeit des Wasserrades abhängig und nur durch Versuche genau festzustellen.

Nach der Formel von Bazin berechnet sich die verbrauchte Wassermenge bei einer Druckhöhe $= h$ des ungesenkten Wasserspiegels über Unterkante der Öffnung:

$$Q = k \,.\, 1{,}119 \,.\, b \,.\, h \sqrt{2gh} \qquad \text{(37)}$$

k = Koeffizient für rechteckigen scharfkantigen Überfall.

Es eignen sich Überfälle mit abgerundeten Kanten, wie solche an Schützen der Überfallwasserräder vorhanden sind, nicht zu Wassermessungen, sie lassen aus vorstehend angegebenen Ursachen mehr durchfließen, als Überfälle mit scharfen Kanten.

Tabelle III.

Maßtabelle für Überfallwasserräder nach den neuen Formeln.

Raddurchmesser = D				5 Meter		5,50 Meter		6 Meter		6,50 Meter		7 Meter		7,50 Meter	
Wassermenge i. d. Sekunde in Kubikmeter	Tiefgang im Unterwasser Meter	Anzahl der Armsysteme	Radbreite = B in Meter	Gefälle H	Effekt in Pferdestärken N	H	N	H	N	H	N	H	N	H	N
Q	t		B	m	HP	m	HP	m	HP	m	HP	m	HP	m	HP
0,30	0,25	2	1,00	1,75	**5,25**	2,00	**6,00**								
0,50	0,30	2	1,50	1,50	**7,50**	1,80	**9,00**	2,30	**11,50**						
0,75	0,40	2	1,75	1,25	**9,40**	1,60	**12,00**	2,15	**16,00**	2,50	**18,75**				
1,00	0,50	2	2,00	1,00	**10,00**	1,50	**15,00**	2,00	**20,00**	2,30	**23,00**	2,75	**27,50**		
1,25	0,55	2	2,25	0,75	**9,40**	1,40	**17,50**	1,80	**22,50**	2,20	**27,50**	2,65	**33,00**	3,00	**37,50**
1,50	0,60	2—3	2,50			1,20	**18,00**	1,60	**24,00**	2,00	**30,00**	2,40	**36,00**	2,90	**43,50**
2,00	0,65	3	3,00			1,00	**20,00**	1,40	**28,00**	1,80	**36,00**	2,25	**45,00**	2,70	**54,00**
2,50	0,70	3	3,50					1,20	**30,00**	1.60	**40,00**	2,10	**52,50**	2,60	**65,00**
3,00	0,75	3	4,00							1,50	**45,00**	2,00	**60,00**	2,50	**75,00**
3,50	0,80	3	4,50									1,90	**66,50**	2,40	**84,00**
4,00	0,85	4	5,00									1,80	**72,00**	2,30	**92,00**
4,50	0,90	4	5,25											2,15	**96,75**
5,00	0,95	4	5,50											2,00	**100,00**
Tourenzahl i. d. Minute				**4,50**		**4,25**		**4**		**3,75**		**3,25**		**3**	
Schaufelzahl				**36**		**36—40**		**42**		**42**		**48**		**48**	

Dritter Abschnitt.

Berechnung eines Wasserrades mit Überfalleinlauf

für eine Bleiweiß- und Farbenfabrik.

In die auf Tafel XIX im Grundriß und Querschnitt gezeichnete Wassergasse, welche seitlich von einem größeren Zuflußkanal abzweigt, soll anstelle mehrerer baufälliger hölzerner Wasserräder (gew. Kropfräder) ein eisernes Überfallwasserrad eingebaut werden.

Das normale Gefälle beträgt $H = 1{,}94$ m
sinkend bei Hochwasser auf $H = 1{,}50$ m

Für die hauptsächlichsten Bestandteile gelten folgende Maße:

	weit	Höhenlage unter dem oberen Rande der Eichmarke
Die Einlaßfalle	2,865 m	—
deren Schwelle	—	2,940 m
die Wassergasse	3,63 bis 4,00 m	—
die Überfallschütze	3,020 m	—
deren tiefster Stand	—	3,013 „
deren höchster Stand	—	2,213 „
Gerinne unter dem Radmittel	—	4,673 „
Gerinne am Ende	—	4,813 „

Die Zuflußmenge ist vom Wasserstand im Hauptkanal abhängig und beträgt durchschnittlich etwa 2,5 cbm i. d. Sekunde.

Die Schaufelbreite wird durch örtliche Verhältnisse bedingt zu $B = 3{,}00$ m

Raddurchmesser nach der neuen Formel: rd. $D = 7{,}00$ „

$$D = 2\left(H + h_t + \frac{h_{t\,max} - h_t}{2} + \frac{1}{H}\right) = 2\left(1{,}94 + 0{,}80 + \frac{1{,}40 - 0{,}80}{2} + \frac{1}{1{,}94}\right)$$

Schaufelzahl	$Z = 48$
radiale Tiefe	$a = 1{,}75$ m
Umdrehungszahl i. d. Minute	$n = 3{,}33$
Umfangsgeschwindigkeit i. d. Sekunde	$v = 1{,}22$ m
Wassergeschwindigkeit beim Eintritt	$c = 1{,}80$ m

Anzahl Schaufeln, welche i. d. Sek. am Einlauf vorübergehen $\frac{z \cdot n}{60} = 2{,}667$

Schaufelstärke außen 40 mm, innen 30 mm

Mittlerer Effekt des Rades $N_n = 50$ HP

				h_t			$h_{t\,max}$	
Füllungstiefe	0,4	0,5	0,6	0,8	1,0	1,2	1,4	1,6
Teilung außen	0,458	0,458	0,458	0,458	0,458	0,458	0,458	0,458
„ innen	0,405	0,392	0,379	0,353	0,327	0,301	0,274	0,248
„ Mittel	0,431	0,425	0,418	0,405	0,392	0,379	0,366	0,353
Lichtweite	0,391	0,385	0,378	0,365	0,352	0,339	0,326	0,313
Inhalt einer Schaufel	470	578	681	879	1058	1220	1370	1510 L
Q	1,250	1,540	1,820	2,330	2,810	3,260	3,650	4,00 cbm
Schwellenhöhe	2,94 m.							

O. W.	3,50	3,60	3,70	3,85	3,90	4,00	4,20	4,40
U. W.	1,44	1,54	1,64	1,96	1,96	2,06	2,34	2,74
H Eintrittsgefälle	0,16	0,19	0,21	0,24	0,18	0,08	0,08	0,06
O. W_n	3,34	3,41	3,49	3,56	3,72	3,92	4,12	4,34
H_n	1,90	1,87	1,85	1,70	1,83	1,91	1,78	1,60
Q	1,41	1,83	2,77	2,88	3,00	3,01	3,04	3,30
N_n	25,00	30,20	39,00	49,00	50,00	57,50	50,00	48,00
Füllungstiefe	0,455	0,60	0,78	0,98	1,09	1,10	1,10	1,22
Tiefgang bei 1,05 t. P.	0,39	0,49	0,59	0,71	0,84	0,91	0,29	1,69
Abfall	0,065	0,11	0,19	0,27	0,25	0,12	— 0,18	— 0,47
Tiefgang bei 1,00 t. P.	0,44	0,54	0,64	0,76	0,89	1,02	1,34	1,74
Abfall	0,015	0,06	0,14	0,22	0,20	0,07	—	—
	Tiefster Punkt des Rades				0,95			
	Radmittel				4,45			
	Tiefster Punkt des Radinnern				2,70			

Bei Wasserständen über O. W. = 4,00 ist Füllung leicht zu vergrößern durch Mehrwasser.

Bei Wasserständen unter O. W. = 3,60 etwas langsamerer Gang.

Die Wasserhöhe x über dem Überfallschützen berechnet sich unter Anwendung des Koeffizienten $k = 0,4$ zu:

$$Q = 0,4\, b\, x \sqrt{2 g x}$$

$$\left(\frac{Q}{0,4\, b}\right)^2 = 2\, g\, x^2$$

$$x = \sqrt[3]{\left(\frac{Q}{0,4\, b}\right)^2 \cdot \frac{1}{2\, g}}$$

Q	=	1,41	2,75	3,0	3,3 cbm i. d. Sek.
$lg.\ Q$	=	0,1492	0,4393	0,4771	0,5185
$lg.\ 0,4 \cdot b$	=	0,0792	0,0792	0,0792	0,0792
$lg.\ \frac{Q}{0,4\, b}$	=	0,0700	0,3601	0,3979	0,4393
$lg.\ \left(\frac{Q}{0,4\, b}\right)^2$.	=	0,1400	0,7202	0,7958	0,8786
$lg.\ 2\, g$	=	1,2927	1,2927	1,2927	1,2927
$lg.\ x^3$	=	0,8473—2	0,4275	0,5031—1	0,5859—1
$lg.\ x$	=	0,6158— 1	0,8092	0,8344	0,8620—1
x	=	0,4130	0,6440	0,6830	0,7280

Die thatsächlich abfließende Wassermenge wird etwas größer sein als vorstehend angegeben, sicherheitshalber rechnet man jedoch mit dem kleineren Wert.

Bei der Kraftmessung des Rades ergab sich aus den Querschnittsverhältnissen des Überlaufs und der mit WOLTMANN'schem Flügel gemessenen sekundlichen Wassermenge Koeffizient k zu etwa 0,52, wobei zu bemerken ist, daß die Breite des Zulaufkanals und diejenige des Überfalls annähernd gleich war.

$$J = a\, b\, t\, \mu\, v_r = \text{Wasserinhalt eines Schaufelraums}$$

$$t = \frac{B}{v}$$

$J = a\,b\,t\,\mu\,v_r$ Wasserinhalt eines Schaufelraums

$$t = \frac{B}{v}$$

$$J = \mu \frac{a\,b\,B}{v} v_r$$

$$= 0{,}9 \,.\, 4{,}18 \,.\, 30 \,.\, B \,.\, \frac{v_r}{12{,}2}$$

$$= \frac{B \,.\, v_r}{1{,}08} \,.\, 10$$

$Q = 1{,}41$ $J = 530$ Liter

Stellung	a	b	c
B	1,95	2,20	2,4
h	2,40	3,65	4,4
c	21,75	26,80	29,4
v_r	16	21,60	24,8
J	290	440	529

$Q = 3{,}3$ $J = 1250$ Liter

Stellung	a	b	c
B	5,40	5,50	
h	2,98	4,32	
c	24,20	29,15	
v_r	18,30	24,15	
J	915	12,25	

Überfallschützenhöhe absolut min. 2,70
max. 3,70

Gewichte:		
	Schmiedeeis. Bestandteile des Wasserrades	8 210 kg
	Stahlwelle	2 500 „
	3 gußeiserne Rosetten	2 442 „
	48 Holzschaufeln	6 200 „
	Wassergewicht	7 075 „
		26 427 kg
	somit Gewicht des Wasserrades samt Wasser rd.	27 000 „
	für die einzelne Rosette somit 9000 kg „	10 000 „
	Zahnrad „	5 000 „
	Horizontaldruck des Wassers geschätzt 6000 kg	2 000 „
	Zahndruck 5600 vertikal	4 800 „
	horizontal	2 000 „

Momentenmaßstab:

Kräfte 1 cm = 5000 kg

Längen 1 „ = 20 cm

Poldistanz = 5 „

Momente 1 cm = 500000 kg

$M_t = 1080000$

$= 3 \,.\, 360000$

$M_i = 400 - \frac{\pi}{32} - d^3$

$d^3 = \frac{M_i}{39}$

M_i	A	B	C	D	E	B^1
	900000	1600000	1280000	680000	870000	1070000
d^3	23000	41000	32800	17400	22200	27400
$s = 40$ d	28,5	34,5	32,0	25,9	28,1	30,2
Ausführung	30	32	32	28	30	
$s = 500$ d^3	18400	32800	26200	13900	17800	21800
d	26,4	32,0	29,7	24,1	26,1	27,9
	27	30	30	25	27	

Transmission des Wasserrades $N_n = 50$ HP.

Rad	A	B	C	D	E	F
n	3,63	12	12	32	32	80
z	112	32	96	36	90	36
i	3,4	3,4	2,4	2,4	2,5	2,5
M	1040000	300000	300000	112000	112000	45000
D	380,8	108,8	230,4	86,4	225,0	90,0
P	5460	5460	2600	2600	1000	1000
b	25	25	18	18	22	22
s	378	378	360	360	72	146
e	244,8		158,4		157,5	
h	4,45	5,223	5,223	6,490	6,490	7,750
e_v	0,773		1,2672		1,260	
e_h	2,324		0,9504		0,945	

$E = 5,356$
$3,500$
$1,856$

$d = 12 \sqrt[4]{\frac{N}{n}}$ 22,5 17,2 17,2 13,5 13,5 10,7

20 20 16 16 12 cm

Seilbetrieb	$D =$	150	180	200 cm
	$n =$	80		
	$M =$	45000		
	$P =$	600	500	450
Seildicke	$d =$	50 mm		
Seilzahl	$z =$	6	5	4,5

Ideelle Momente der Wellen		330000	325000	142000	121000	66500
Wellstärke $s = 400$		20,4	20,2	15,4	14,6	11,9
Ausführung		210	210	160	160	130
Armzahl		4	6	4	6	4
Moment		75000	50000	28000	18750	11250
	h^2	13500	9000	5020	3370	2020
		6284	4500	2520	1680	1010
	h	19×3	$17 \times 2,6$	$13,5 \times 2,3$	$15 \times 2,5$	10×2 cm

$$M = 200 \frac{1}{6} b h^2 \quad b = \frac{h}{6} \quad h = \sqrt[2]{M}$$

Nach vorstehender Berechnung war eine dreifache Räderübersetzung geplant, an deren Stelle bei Ausführung zwei Räderpaare, 112 : 26, bezw. 108 : 25, sowie der Hanfseiltrieb traten. Die Anlage wurde dadurch vereinfacht und eine ausreichende Umdrehungszahl an der Fabriktransmission (80 i. d. Minute) erzielt. Ebenso wurde die Sohle unter dem Rad tiefer gelegt und das Zwischengefälle im Ablaufkanal ausgenützt, dadurch ergab sich das Nutzgefälle bei 50 bis 60 HP. zu ca. 2,20 m.

Infolge Aufstellung des Rades am unteren Ende der Wassergasse ist ebenfalls weniger Eintrittsgefälle geopfert, als die Rechnung voraussetzt, da die Eintrittsenergie fast genügt, um die Kanalreibung zu überwinden und bei der stetigen Querschnittszunahme des Kanals ein Teil der Geschwindigkeit sich wieder in Gefälle umsetzt.

Bei den Wasserständen:	3,80	3,85	3,90	3,95	4,00	über 4 m
würde das unbenützte Gefälle im Abzugsgraben betragen:	30	24	18	11	5 cm	Null.

Die Abzugsgrabensohle wurde deshalb um 20 cm tiefer gelegt.

Verzeichnis der einzelnen Teile:

Wasserrad.

1	Wasserradwelle aus Stahl 5,6 m lang, 270/300/250 mm dick	2500 kg
2	gußeiserne Rosetten achtarmig	1650 „
1	gußeiserne Rosette	792 „
1	Wasserradlager mit Bronzeschalen und Sockel	426 „
2	desgleichen	632 „
6	Schlautern zu den Wasserradlagern	255 „
		6255 kg

Schmiedeeiserner Radkörper:

24	Arme 1400/82/10 mit Blechplatten	1302 kg
16	Streben U-Eisen 1300/130/45/8	} 979 „
48	Streben L 1150/75/55/9	
8	Querverbindungen U-Eisen 2330/105/60/10	
144	Schienen 96 Beilagen	686 „
6	Radsegmente mit je 12 aufgenieteten Schaufelstielen 75/55/9	2180 „
6	desgleichen	2170 „
985	Nieten	221 „
2016	Schaufelschrauben	271 „
304	Federn	401 „
		8210 kg

48 Radschaufeln 3 m lang, 1,95 m breit 45×35, 280,8 qm

Überfallkropf.

1	gußeisernes Überfallkropfstück mit angegossenen Tragfüßen	1352 kg
10	Steinschrauben, 4 Schlautern dazu	66 „
1	Schlammrohrleitung	371 „
5	Rechensegmente zu 8 Stäben aus Flacheisen 77/12, 60 mm Lichtweite, 2655 mm lang	815 „
2	Fallenführungen, U-Profileisen	271 „
1	Regulierschützenzug, bestehend in: 2 schmiedeeis. Zahnstangen 2550/70/34, 2 Triebe, 2 Böcke, 1 Achse, 4,42 m lang, 65 mm dick, Getriebe zum Fallenzug, 1 Handrad, 900 mm Dtr. mit Trieb 20 E. Z.	923 „

Getriebe.

1	Stirnrad, zweiteilig 112 E. Z. Dtr. = 3,808 mm, B = 240 mm, Teilung = 106,8 mm	4685 kg
1	Trieb dazu, 26 E. Z. Dtr. = 0,884 m	615 „
1	Hohlgußbock mit 2 Bodenlager	886 „
1	desgleichen „ „ „	856 „
1	Vorgelegwelle 1990 mm lang, 190 mm dick	393 „
1	desgleichen, 1995 mm lang, 150 mm dick	300 „
1	Hohlgußbock mit 2 Bodenlager	1100 „
1	desgleichen „ 1 „	296 „
2	Wandkasten mit Lager	358 „
1	Säule mit Konsollager	285 „
1	Stirnrad, 108 HK., Dtr. = 2,808 m, B. = 208 mm	1785 „
1	Stirntrieb, 25 E. Z., Dtr. = 0,650 m, B. = 225 mm	205 „
1	Hanfseilscheibe, 2000 mm Dtr., 6 Rillen zu 50 mm Seildicke	1275 „
1	Seilscheibe, 1500 mm Dtr.	1152 „

Kraftmessung vorstehenden Rades

am 2. und 3. Januar 1889

durch Professor K. TEICHMANN von der Kgl. Technischen Hochschule in Stuttgart.

Zum Zweck der Kraftmessung wurde auf der zweiten Vorgelegwelle, welche mit der Wasserradwelle durch zwei Räderpaare mit 112 : 26 und 108 : 25 Zähnen verbunden ist, eine Bremsscheibe von 1250 mm Durchmesser und 300 mm Breite angebracht. Der Bremshebel von 3,308 m Länge drückte auf die Brücke einer Dezimalwage. Eine vorläufige Tarierung des Hebels auf der Scheibe ergab eine Tara von 5,72 kg, welche beständig auf der Wage blieb und nicht notiert wurde. Eine genaue Wägung nach Abnahme des Hebels ergab 5,75 kg Tara, so daß von den notierten Belastungen stets 0,03 kg abzuziehen ist.

Ist P die korrigierte Belastung der Wagschale,
n die minutliche Umdrehungszahl der Welle,
l die Länge des Bremshebels,

so bestimmt sich der Effekt des Rades (N Pferdestärken) aus:

$$N = \frac{2\,\pi\,l\,n}{60 . 75}\,10\,P$$

$$= \frac{2\,\pi\,.\,3{,}308}{60\,.\,75}\,10\,P\,n$$

$$= 0{,}04619\,P\,n$$

Die Versuche vom 2. Januar nachmittags waren Vorversuche zur Ermittlung der günstigsten Geschwindigkeit und des Effekts. Als höchste Leistung ergaben sich aus vier Beobachtungen im Mittel 72,32 P. S.

Versuche vom 3. Januar 1889.

I. Fallenstand { Zahnstange üb. d. Boden 0,970 m; Überfallkante üb. d. Null 3,496 „

Zeit	Belastung aufgelegt	Belastung korrigiert	Umgänge gezählt	Umgänge Mittel	Effekt Pferde
			61,5		
9h.02	15 kg	14,97 kg	61,0	61,10	42,25
			60,8		
			70,5		
9h.07	13 „	12,97 „	60,6	70,63	42,31
			70,8		
			65,0		
9h.11	14 „	13,97 „	66,3	66,00	42,59
			66,7		
Mittel	. . . .				42,38 P.S.

Wasserstände unter der Marke

Neckar:	Oberwasser vor Einlauf	Oberwasser hinterm Rechen	Unterw. hinterm Rad
9 h. 05	0,685	0,925	3,620 m
9 h. 10	0,684	0,926	3,630 „
9 h. 15	0,683	0,960	3,625 „
Mittel	0,684	0,937	3,625 „
Markenhöhe	4,634	4,831	5,147 „
Üb. Pegel Null	3,950	3,894	1,522 „

Gefälle

Total-	Eintritts-	Nutzgefälle
2,428	0,0056	2,372 m

II. Fallenstand { Zahnstange üb. d. Boden 0,725 m; Überfallkante üb. d. Null 3,251 „

Zeit	Belastung		Umgänge		Effekt
9h.22			64,2		
	19 kg	18,97 kg	67,8	66,20	58,01
			64,8		
9h.28			68,0		
9h.30			71,5		
	18 „	17,97 „	70,8	70,87	58,82
9h.33			70,3		
			61,2		
			63,2		
	20 „	19,97 „	64,5	62,85	57,97
9h.40			62,5		
Mittel	. . . .				58,27 P.S.

Wasserstände unter der Marke

Neckar:	Oberwasser vor Einlauf	Oberwasser hinterm Rechen	Unterw. hinterm Rad
9h.20	0,688	0,997	3,607 m
9h.25	0,689	1,000	3,588 „
9h.30	0,690	1,003	3,583 „
9h.35	0,695	1,003	3,583 „
9h.40	0,697	1,023	3,550 „
Mittel	0,692	1,005	3,582 „
Markenhöhe	4,634	4,831	5,147 „
Pegel Null	3,942	3,826	1,565 „

Gefälle

Total-	Eintritts-	Nutzgefälle
2,377	0,116	2,261 m

III. Fallenstand { Zahnstange üb. d. Boden 0,580 m; Überfallkante üb. d. Null 3,106 „

Zeit	Belastung		Umgänge		Effekt
9h.47			69,2		
	20 kg	19,97 kg	68,6	68,77	63,43
9h.50			68,5		
			64,8		
	21 „	20,97 „	65,5	64,77	62,74
9h.55			64,0		
9h.56			60,0		
	22 „	21,97 „	60,3	60,77	61,67
			62,0		
Mittel	. . . .				62,61 P.S.

Wasserstände

Neckar:		hinterm Rechen	hinterm Rad
9h.45	0,701	1,075	3,553 m
9h.50	0,709	1,077	3,585 „
9h.55	0,711	1,079	3,593 „
10h.00	0,714	1,080	3,578 „
Mittel	0,709	1,078	3,578 „
Üb. Pegel Null	3,925	3,753	1,569 „

Gefälle

Total-	Eintritts-	Nutzgefälle
2,356	0,172	2,184 m

IV. Fallenstand { Zahnstange üb. d. Boden 0,440 m
Überfallkante üb. d. Null 2,966 „

Zeit	Belastung		Umgänge		Effekt
			71,0		
10h.08	21 kg	20,97 kg	66,5	69,10	66,93
			69,8		
10h.13			63,0		
	22 „	21,97 „	62,2	63,07	64,00
10h.17			64,0		
10h.18			60,5		
	23 „	22,97 „	59,3	60,10	63,77
10h.21			60,5		
Mittel	. . . .				64,90 P.S.

Wasserstände

	Neckar:	vor dem Rad	hinterm Rad
10h.10	0,735	1,170	3,525 m
10h.15	0,744	1,183	3,480 „
10h.20	0,737	1,070	3,497 „
Mittel	0,739	1,141	3,501 „
Markenhöhe	4,634	4,831	5,147 „
Wass. üb. Null	3,895	3,690	1,646 „

Gefälle

Total-	Eintritts-	Nutzgefälle
2,249	0,205	2,044 m

V. Fallenstand { Zahnstange üb. d. Boden 0,837 m
Überfallkante üb. d. Null 3,363 „

Zeit	Belastung		Umgänge		Effekt
10h.34			58,5		
	17 kg	16,97 kg	59,0	58,60	45,93
10h.39			58,3		
10h.40			60,8		
	16 „	15,97 „	61,0	60,70	44,78
10h.43			60,3		
			65,8		
	15 „	14,97 „	66,2	66,33	45,86
10h.46			67,0		
			72,5		
	14 „	13,97 „	73,2	72,83	47,00
10h.50			72,8		
Mittel	. . . .				45,89 P.S.

Wasserstände

	Neckar:	vor dem Rad	hinterm Rad
10h.35	0,740	1,005	3,535 m
10h.40	0,756	1,016	3,557 „
10h.45	0,750	1,005	3,547 „
10h.50	0,740		3,560 „
Mittel	0,746	1,009	3,550 „
Markenhöhe	4,634	4,831	5,147 „
Wass. üb. Null	3,888	3,822	1,597 „

Gefälle

Total-	Eintritts-	Nutzgefälle
2,291	0,066	2,225 m

Übersicht.

Nummer des Versuchs	I.	V.	II.	III.	IV.
Stand d. Überfallschützenoberkante üb. d. Pegel Null	3,496	3,363	3,251	3,106	2,966
Wasserstand im Neckar vor d. Einlauf unt. der Marke	0,684	0,746	0,692	0,709	0,739
„ „ „ „ „ üb. d. Pegel Null	3,950	3,888	3,942	3,925	3,895
„ i. Kanal zwisch. Rech. u. Rad „ „	3,894	3,822	3,826	3,753	3,690
„ i. Abflußkan. hinterm Rad üb. d. „ „	1,522	1,597	1,565	1,569	1,646
Wasserhöhe über dem Überfallschützen . . .	0,398	0,459	0,575	0,647	0,724
Totalgefälle	2,428	2,291	2,377	2,356	2,249
Eintrittsgefälle	0,056	0,066	0,116	0,172	0.205
Nutzgefälle	2,372	2,225	2,261	2,184	2,044
Effekt des Rades in Pferdestärken . . .	42,38	45,89	58,27	62,61	64,90

Gleichzeitige Kraft- und Wassermessungen.

Bestimmung des Wirkungsgrades.

3. Januar 1889, nachmittags.

I. Kraftmessung

Zeit	Belastung		Umgänge		Effekt
2h.25	18kg	17,97kg	63,6 / 64,0	63,8	52,69
2h.30	"	"	63,0 / 63,0	63,0	52,29
2h.36	"	"	62,0 / 62,8	62,4	51,79
2h.41	"	"	63,4 / 61,0	62,2	51,63
2h.45	"	"	65,6 / 62,0	63,8	52,96
2h.50	"	"	60,2 / 61,2	60,7	50,38
2h.56	"	"	60,0 / 60,0	60,0	49,80
3h.00	"	"	58,2 / 59,0	58,6	48,64
3h.05	"	"	59,8 / 58,0	58,9	48,89
Mittel . . .			. . .		51,04 P.S.

Stand des Überfallschützen

Zahnstange über dem Boden 828 mm
Überfallkante üb. der Pegelnull 3,354 m

Wasserstände

	Zeit	Neckar:	vor d. Rad	hinter d. Rad
Unt. d. Marke	2h.25	0,705	0,968	3,523 m
	2h.30	0,710	0,965	3,525 "
	2h.35	0,715	0,970	3,545 "
	2h.40	0,743	0,995	3,537 "
	2h.45	0,743	0,990	3,532 "
	2h.50	0,734	0,990	3,527 "
	2h.55	0,744	0,994	3,542 "
	3h.00	0,743	0,992	3,527 "
	3h.05	0,750	0,998	3,536 "
Mittel		0,732	0,985	3,533 "
Höhe der Marke		4,634	4,831	5,147 "
Wass. üb. d. Pegelnull		3,902	3,846	1,614 "

Gefälle

Total-	Eintritts-	Nutzgefälle
2,288	0,056	2,232 m

II. Kraftmessung

Zeit	Belastung		Umgänge		Effekt
3h.12	17kg	16,97kg	61,2 / 60,8	61,0	47,81
3h.15	"	"	59,0 / 58,0	58,5	45,86
3h.25	"	"	58,6 / 58,6	58,6	45,93
3h.30	16kg	15,97kg	61,2 / 60,6	60,9	44,92
3h.34	"	"	61,8 / 62,2	62,0	45,73
3h.40	"	"	63,2 / 63,2	63,2	46,62
3h.45	"	"	63,2 / 63,8	63,5	46,84
Mittel					46,24 P.S.

Stand des Überfallschützen wie bei I.

Wasserstände

	Zeit	Neckar:	vor d. Rad	hinter d. Rad
Unt. d. Marke	3h.10	0,750	1,005	3,537 m
	3h.15	0,754	1,002	3,524 "
	3h.20	0,755	1,003	3,550 "
	3h.25	0,757	1,007	3,545 "
	3h.30	0,762	1,010	3,535 "
	3h.35	0,762	1,009	3,550 "
	3h.40	0,765	1,010	3,555 "
	3h.45	0,766	1,012	3,555 "
Mittel		0,759	1,007	3,544 "
Wasser üb. der Null		3,875	3,824	1,603 "

Gefälle

Total-	Eintritts-	Nutzgefälle
2,272	0,051	2,221 m

Wassermessungen.

An der einzigen geeigneten und zugänglichen Stelle des Zuflußkanals wurde ein Querprofil (Fig. 18) aufgenommen und in demselben 8 Punkte auf 4 Ordinaten markiert. Dieselben wurden so verteilt, daß mit größter Wahrscheinlichkeit das Mittel aus den Geschwindigkeiten zweier übereinander liegender Punkte die mittlere Geschwindigkeit in der betreffenden Ordinate giebt. Diese mit der Wassertiefe multipliziert, giebt den Längenschnitt des in einer Sekunde durchfließenden Wasserkörpers an der betreffenden Stelle und das Mittel aus diesen 4 Längeschnitten mit der Breite multipliziert, die sekundliche Wassermenge. Die Geschwindigkeitsmessung geschah mittels WOLTMANN'schen Flügels. Die Konstanten desselben sind:

$$V = 0{,}018 + 0{,}229\, n \quad (n \text{ i. d. Sek.})$$

$$V = 0{,}018 + 0{,}0038167\, n \quad (n \text{ i. d. Minute}).$$

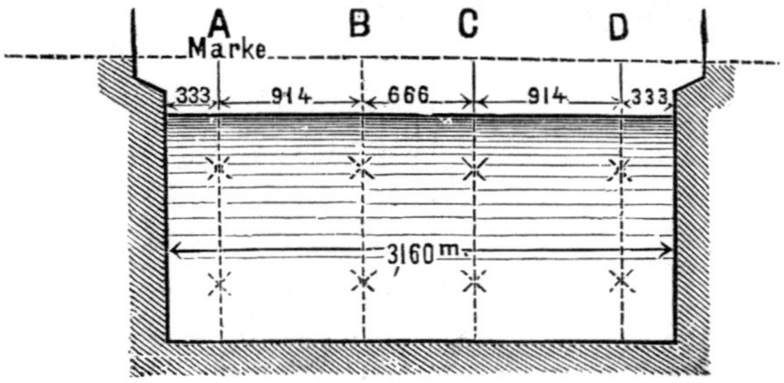

Fig. 18. Querprofil.

Die Strömung des Neckars machte sich in dem ca. 15 m von der Einlaßfalle entfernten Querprofile noch so stark bemerkbar, daß am rechten Ufer die Wassergeschwindigkeit sehr groß (0,8 bis 0,9 m i. d. Sekunde) war, während am linken Ufer die Strömung fast Null war und sogar Wirbel und Gegenströmungen stattfanden.

	I. Messung				II. Messung			
Ordinate . . .	A	B	C	D	A	B	C	D
Sohlentiefe unter der Marke	1,675	1,727	1,719	1,708	1,675	1,727	1,719	1,708
Messungen i. unt. Pkt. Zeit	2h.25	2.29	2.35	2.38	3.11	3.15	3.20	3.24
Flügelumgänge	229	178	90	—15	229	178	58	15
	233	188	89	{—5 / +8}	212	187	69	3
Mittel	231,0	183,0	89,5	—4,0	220,5	182,5	63,5	9,0
Wasserstand unter d. Marke	331	344	353	360	376	380	382	383
Wassertiefe	1,344	1,383	1,366	1,348	1,299	1,347	1,337	1,325
Wassergeschwindigkeit .	0,900	0,716	0,360	—0,033	0,860	0,715	0,260	0,052
$V \times t$	1,2096	0,9902	0,4918	—0,0445	1,1171	0,9631	0,3476	0,0689
Messung i. obern Pkt. Zeit	2h.50	2.53	2.58	3.04	3.32	3.36	3.40	3.44
Flügelumgänge	229	207	{131 / 153}	21	215	213	136	15
	235	208	131	10	218	221	134	8
Mittel	332,0	207,5	138,5	15,5	216,5	217,0	135,0	11,5
Wasserstand	364	366	369	372	384	386	388	392
Wassertiefe	1,311	1,361	1,350	1,336	1,291	1,341	1,331	1,316
Geschwindigkeit	0,903	0,810	0,546	0,077	0,844	0,846	0,533	0,062
$V \times t$	1,1838	1,1024	0,7371	0,1029	1,0896	1,1345	0,7094	0,0816
Mittel $V \times t$	1,1967	1,0463	0,6145	0,0292	1,1034	1,0488	0,5285	0,0752
Durchschnitt	0,7217 qm,				0,6890 qm,			
Profilbreite	3,16 m,				3,16 m,			
Wassermenge	2,281 cbm i. d. Sek.				2,177 cbm i. d. Sek.			

Wirkungsgrad.

	I. Messung	II. Messung	
Wassermenge	2,281	2,177	cbm i. d. Sekunde
Gefälle	2,232	2,221	m
Bruttoeffekt	67,88	64,47	Pferdekräfte
Nutzeffekt auf dem II Vorgelege .	51,04	46,24	"
Wirkungsgrad " " "	0,7519	0,7172	"
Mittel	0,7345		
	73,45 %.		

Der reine Nutzeffekt der Wasserkraft, auf der zweiten Vorgelegwelle gemessen, beträgt:

bei einem Wasserstand von 65 cm unter der Marke (Winkeleisen) beim Einlauf über 70 Pferdestärken,

bei einem Wasserstand von 75 cm über 60 Pferdestärken.

Das Wasserrad giebt auf der zweiten Vorgelegwelle einen Wirkungsgrad von

über **73** %,

also auf der Wasserradwelle

über **75** %.

Anleitung zur Anstellung von Bremsversuchen.

Einige Bemerkungen über Anstellung von Bremsversuchen an Wasserrädern mögen hier Platz finden.

Eine vorteilhafte Eigenschaft der Räder mit Überfalleinlauf besteht in der Nutzbarmachung eines Teils der lebendigen Kraft, mit welcher das Wasser vor den Schaufeln ankommt. Es ist allgemein üblich, bei Bremsversuchen zur Feststellung des Wirkungsgrades die Höhenunterschiede der beiden Wasserspiegel vor und hinter dem Rad als Gefälle in Rechnung zu bringen. Thatsächlich wird hierbei ein Fehler von etwa 2 bis 3 % gemacht und kommt dies bei geringeren Gefällen hauptsächlich auch bei starker Beaufschlagung zum Ausdruck.

Beträgt das Verhältnis des Wasserquerschnitts über der Überfallschütze ein Zehntel oder weniger zum Querschnitt des Oberkanals, so hat die Zuflußgeschwindigkeit des Wassers vor der Falle keine bemerkenswerte Wirkung mehr auf die Eintrittsgeschwindigkeit.

Die Angaben des Prony'schen Zaumes enthalten einige Unsicherheiten wegen plötzlich auftretender Bewegungen und heftiger Stöße, welche durch Reibungsänderung, Ungleichheit der Schmierung u. s. w. bedingt wird, es ist deshalb manchmal nötig, einen hydraulischen Regulator (eine Arretierung) am Hebel einzuschalten. Dieser besteht aus einem Cylinder und einem leichtbeweglichen Kolben, welcher etwas geringeren Durchmesser hat; letzterer gestattet daher dem Kolben und mit diesem dem Hebel, sich langsam innerhalb eines gewissen Weges ohne fühlbaren Widerstand bewegen zu können. Das Wasser geht hierbei durch den schmalen ringförmigen Raum von einer Seite des Kolbens auf die andere über.

Die Arretierung erzwingt eine langsame Bewegung des Bremshebels, erlaubt diesem jedoch, der Wirkung irgendeiner überwiegenden Kraft willig zu folgen; doch sind die Anordnungen so zu treffen, daß die Versuche womöglich ohne dieses Hilfsmittel durchgeführt werden können.

Bei Messungen mit dem PRONY'schen Zaum soll eine nach der Breite der Bremshölzer gedachte Gerade i. d. Sekunde und Pferdestärke 0,0125 qm erzeugen, d. h. die Abwicklung von 1 qm i. d. Sekunde genügt für 80 Pferdestärken. Steigt diese Ziffer über 100, so kann der Apparat nicht genügend mit Wasser gekühlt werden und das Resultat wird ungenau.

Ist G das Gewicht in Kilogramm, welches das Dynamometer am Hebelsarm L ins Gleichgewicht setzt, n die Anzahl der Umdrehungen i. d. Minute, so ist die Leistung an der gebremsten Welle:

$$N = \frac{2\pi \cdot n \cdot L}{60 \cdot 75} \cdot G \text{ Pferdestärken} \quad \ldots \ldots \quad (38)$$

Früher von Prof. K. TEICHMANN benützte und scheinbar an der Grenze ihrer Leistungsfähigkeit angekommene Bremsscheiben sind:

Tabelle über Bremsscheiben.

Nr.	D cm	b cm	n	N P.S.	$\frac{b\,d^2\,n}{10000}$	$p = \frac{60 \cdot 7500}{\pi^2} \cdot \frac{N}{b\,d^2\,n}$ $\frac{K}{qcm}$
1.	202	30	150	364	18400	0,091
2.	128	24	194	138	7640	0,083
3.	120	28,5	130	85	5320	0,073
4.	80	27	60	60	1040	0,263
5.	90	27	66	55	1440	0,174
6.	105	18	40	40	796	0,229
7.	80	21	40	40	538	0,340
8.	81	12	45	30	354	0,380
9.	78	22	40	28	536	0,238

Die letzte Spalte ist die Umfangskraft pro Quadratzentimeter Rollenmantelfläche.

Professor BRAUER teilt in der Z. d. V. d. J., Jahrg. 1888, Nr. 3 mit, daß Prof. THURSTON mit einem Bremsrad von 5 Fuß engl. Dtr. und 2 Fuß Breite (Fig. 20) bei 100 Umdrehungen i. d. Minute die Bremskraft von 500 Pferden aufgenommen habe. Die Reibungsfläche der Bremsscheibe betrug:

$$3{,}14 \cdot 1{,}52 \cdot 0{,}61 = 2{,}91 \text{ qm}.$$

Es leistete sonach 1 qm der Reibungsfläche ungefähr 172 Pferde. Annähernd wird für den Durchmesser d und die Breite b in Meter:

$$d b = \frac{N}{540} \quad \ldots \ldots \ldots \quad (39)$$

In der Gasmotorenfabrik Deutz konnte mit einer Bremsscheibe von 0,6 m Durchmesser und 0,21 m Breite, welche keine Ränder nach innen hatte, jedoch durch einen Wasserstrahl innen gekühlt wurde, eine Maschine andauernd gebremst werden. Der höchsten Leistung entsprach die Formel $d b = \frac{N}{476}$.

Nach den Erfahrungen des Verfassers können mit 0,5 qm Mantelfläche der Bremsrolle soviel Pferdekräfte gebremst werden, als die Umdrehungszahl der Rolle in der Minute beträgt. Der durch die Bremsbacken umspannte Bogen soll mindestens Zweidrittel des Rollenumfangs betragen.

Nach einer Angabe RADINGERS ist bei Wasserkühlung:

$$d\,b = \frac{N}{300} \qquad (40)$$

Hieraus ist zu ersehen, daß bei guter Innenkühlung eine stärkere Anstrengung möglich ist, als diese Formel angiebt.

Die theoretische Grundlage für die Wirkung des Bremsdynamometers kann als bekannt vorausgesetzt werden. Es sei nur in Erinnerung gebracht, daß die Bremsscheibe das Bestreben hat, die Bremsbacken mit bestimmtem Moment herumzudrehen und daß dieses Kraftmoment gefunden wird, indem man ihm ein meßbares widerstehendes Moment zur Herstellung des Gleichgewichtes gegenüberstellt. Die Wirkung ist fast die gleiche wie bei einer

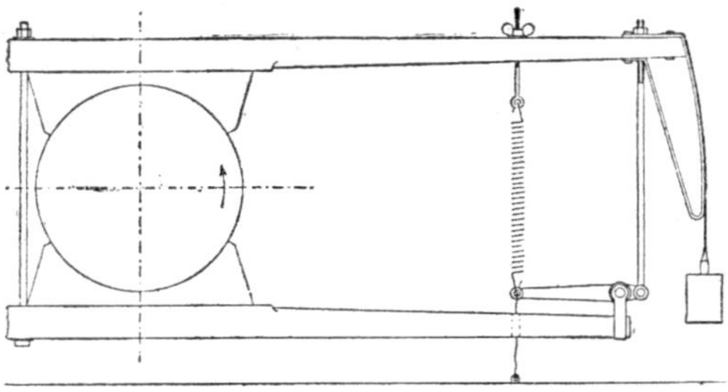

Fig. 19. PRONY'scher Zaum.

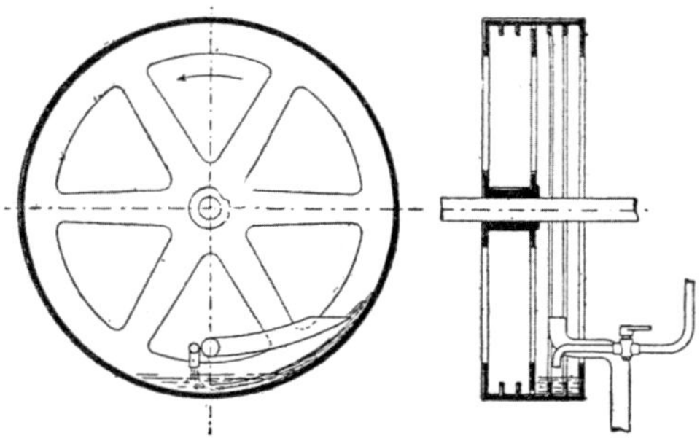

Fig. 20. Bremsrolle.

Hebelwage. Man darf deshalb den im Gleichgewicht schwingenden Teil des Bremsdynamometers als Bremswage bezeichnen. Das auf die Bremswage treibend wirkende Reibungsmoment kann aus verschiedenen Ursachen mehr oder weniger veränderlich sein. Zu diesen Ursachen gehören: ungenaue Rundung der Bremsscheibe, Verschiedenheit ihrer Oberflächenbeschaffenheit, Änderungen in der Schmierung, ungleichförmige Geschwindigkeit.

Um zu zeigen, daß auch die ältere Form des PRONY'schen Zaums mit selbstthätiger Spannungsregulierung ausgestattet werden kann, diene Fig. 19 nach BRAUER, welche ihre Wirkung wohl hinreichend erklären dürfte.

Bremszäume sollen sorgfältig hergestellt und mit allen Verbesserungen ausgerüstet sein, welche sich in der Praxis bewährt haben, insbesondere ist auf genaue Bearbeitung der reibenden Teile, um gegen seitliche Schwankungen, Zuckungen und Stöße des Apparates gesichert zu sein, zu achten. Alle Vorbereitungen für die Messungen sind aufs pünktlichste zu treffen. Vor Vornahme der Versuche verständigen sich die Beteiligten über das Programm, nach welchem die Beobachtungen mit Umsicht und Sorgfalt durchgeführt werden müssen.

Die Gefällsmessung hat von Marken aus zu erfolgen, deren senkrechter Abstand ihrer Nullpunkte durch wiederholtes Nivellement festgestellt wird. Für Beobachtungen am Apparat zur Kraftmessung sollen nur Gewichte nach dem metrischen System Verwendung finden, um beim Aufsetzen und Abnehmen derselben jedem Irrtum vorzubeugen. Vor Beginn der Versuche soll die Empfindlichkeit und Genauigkeit des Apparates und seiner einzelnen Teile geprüft und nachgemessen werden. Die Bremsscheibe muß ausgewuchtet und mit vollkommener Regelmäßigkeit ohne jede Unterbrechung gehen. Die Umdrehungen werden am besten durch ein Uhrwerk, welches mit der gebremsten Welle in und außer Verbindung gebracht werden kann, gezählt; die Uhren sind vor Beginn der Proben zu vergleichen und die Beobachtungen selbst während der Dauer der einzelnen Versuche gleichzeitig anzustellen. Indem die Beobachtungen so notiert werden, wie sie genommen sind, ergiebt ein Vergleich der verschiedenen Listen die Ergebnisse bezüglich der zur Untersuchung gelangten Punkte für die Dauer der betreffenden Versuchsreihe.

Bei keinem Bremsversuch sollte ein Tachometer fehlen, da dieses Instrument die Gleichmäßigkeit des Ganges anzeigt und dem mit Bedienung der Bremse Beauftragten seine Aufgabe außerordentlich erleichtert, auch das lästige und langwierige Zählen mit der Uhr überflüssig macht.

Vorsorge für ausreichende Wasserkühlung ist durch Aufstellung geeigneter Gefäße oder durch Anschluß an Wasserleitungen zu treffen; dem Kühlwasser wird bisweilen ein schwacher Seifenzusatz gegeben, doch erweist sich dies nicht in allen Fällen als notwendig. Der Ausschlag des Hebels ist durch geeignete Anschläge auf wenige Zentimeter zu beschränken und sind Vorkehrungen zu treffen, damit nicht durch plötzlich freiwerdende Massen Verheerungen angerichtet werden.

Wird das am Hebelarm hängende Gewicht infolge Drehrichtung der Bremsrolle gehoben, so ist das auf den Hebelarm reduzierte Eigengewicht des Balkens mit Wagschale und Zubehör der Belastung zuzuzählen; drückt jedoch der Balken mittels Stütze und Rolle auf die Brücke einer Dezimalwage, so muß das resultierende Gewicht dieser Teile erhoben und vom Belastungsgewicht in Abzug gebracht werden.

Das Abwiegen der Tara kann auf folgende Weise geschehen: Man löst die Druckschrauben und legt auf die Bremsrolle eine Schneide genau senkrecht über dem Axmittel der gebremsten Welle, derart, daß der Zaum freibewegend nach allen Seiten schwingen kann; nun wird unter das Hebelende eine Wage gebracht und das auf den Hebelarm reduzierte Eigengewicht unmittelbar abgewogen. Die Lage des Bremszaums muß hierbei die gleiche sein, wie bei den Versuchen. Die Tara vor und nach Ausführung der Versuche ergiebt sich selten übereinstimmend, da die Holzteile Wasser aufnehmen. Man setzt entweder den Mittelwert oder den größer gefundenen Wert in die Rechnung ein.

Die Bremsrolle wird mit Rücksicht auf den langsamen Gang der Wasserräder nicht auf der Wasserradwelle selbst, sondern meist auf einer der Vorgelegwellen angebracht. Zur Bedienung der Bremse wähle man einen tüchtigen Mann (meistens wird hierzu ein Vorarbeiter des Lieferers bestimmt), der sich dieser Arbeit gewachsen zeigt.

Es ist nicht nötig, jedem Ausschlag des Hebels mit einem Lockern oder Anziehen der Spannschrauben zu antworten. Man vergegenwärtige sich stets die Bezeichnung „Zaum“ für den Kraftmesser. Ebenso wie eine weiche aber ruhige Hand ein Merkmal des guten Reiters ist, so soll der Mann an der Bremse durch Nachlassen oder Druck seiner Hände das Dynamometer im Gleichgewicht zu halten suchen, damit vorübergehende Unebenheiten im Gang ohne Änderung der Belastung sich ausgleichen. Da ein ununterbrochenes Spiel der Kräfte stattfindet und ein kleines Übergewicht bald im einen, bald im andern Sinne auftritt, so kann der nächste Augenblick die Gleichgewichtslage aus sich selbst schon wiederhergestellt haben, ehe die geänderte Reibungsarbeit wirksam geworden ist.

Richtig durchgeführte Bremsungen an Wassermotoren erfordern Umsicht und Erfahrung, ebenso genügend Zeit, sie sind keineswegs eine leichte Arbeit, die man in ein paar Stunden mühelos abmachen kann.

Dem wichtigsten Teil der Untersuchung — Bestimmung der verbrauchten Wassermenge — ist besondere Sorgfalt zu widmen. Hierbei empfiehlt es sich, neben dem WOLTMANN'schen Flügel auch die neue hydrometrische Röhre des Bezirks-Ingenieurs A. FRANK in München zu verwenden. Dieselbe hat den Zweck, die mittlere Geschwindigkeit einer Stromvertikalen mit einer einzigen Beobachtung zu bestimmen und beruht auf dem Prinzip der Messung des mittleren hydraulischen Drucks. Letzterer bildet sich in dem gelochten Rohre, sobald dasselbe mit den Löchern dem Strome entgegengestellt wird, und bewirkt das Aufsteigen des Wassers im Innern der Röhre über den äußeren Wasserspiegel um eine gewisse Höhe, welche dem mittleren Geschwindigkeitsdrucke entspricht. Dieselbe wird in dem Manometer gemessen, in welches beide Wasserspiegel, der innere und äußere, in die Röhre gezogen werden, so daß ihr Höhenunterschied, unmittelbar als Geschwindigkeit ausgedrückt, ablesbar ist.

Gegenüber dem Flügel bietet das neue Instrument folgende Vorteile:

a) Die Beobachtung der Zeit und hieraus entspringende Fehler fallen hinweg.

b) Die einmal durch Prüfung bestimmte Konstante des Instruments, bezw. dessen Skala bleibt unverändert, da sich keine beweglichen, der Veränderung oder Abnützung unterworfenen Teile an ihm befinden. (Bei dem Flügel genügt oft ein leichtes Anstoßen mit dem Flügelrad, um eine Änderung der Koeffizienten und damit Messungsfehler zu veranlassen.) Es kann höchstens eine Glasröhre zerbrechen; bei der getroffenen Einrichtung des Manometers kann leicht eine stets als Reserve mitzuführende Glasröhre an Ort und Stelle eingezogen werden; die Angabe des Instruments ändert sich hierdurch nicht.

c) Die Handhabung des Instruments ist eine höchst einfache und bequeme; alle Nebenapparate kommen in Wegfall.

d) Jede Rechnung entfällt, da das Instrument sofort die mittlere Geschwindigkeit angiebt.

e) Die Messung geht viel rascher vonstatten als beim Flügel; umsomehr wird dies der Fall, je größer die Tiefen sind, in denen zu messen ist, weil dann mit dem Flügel entsprechend mehr Einzelbeobachtungen in den verschiedenen Tiefen zu machen sind, während mit der Röhre immer nur eine Beobachtung notwendig, gleichviel, wie groß die Tiefe ist.

Das Instrument eignet sich daher besonders für Messungen, die nicht lange andauern dürfen, wie bei Bremsungen von Wassermotoren, bei welch letzteren dann auch sicher zusammengehörige Werte der Wasser- und der Arbeitsmessung erhalten werden.

Bei Wassermessungen zur Feststellung des Güteverhältnisses hydraulischer Motoren sollten nur Instrumente Verwendung finden, welche unmittelbar vor oder nach den Versuchen tariert sind; in gleicher Weise empfiehlt es sich, mindestens zwei Flügel zu gebrauchen, um eine Kontrolle über die Zuverlässigkeit der Beobachtungen zu haben.

Vergl. die Abhandlung des Verfassers „Über ein neues Instrument zur Bestimmung der Wassergeschwindigkeit", DINGLER's Polytechn. Journ., 1897.

Vierter Abschnitt.

Beispiele aus der Praxis.

Erstes Beispiel.

Wasserrad der Landshuter Kunstmühle (Tafel XXV u. XXVI).

Diese Anlage ist durch die bedeutende Wassermenge, welche bei einem Wasserrad zur Beaufschlagung gelangt, sowie dadurch bemerkenswert, daß die Hilfsdampfmaschine mit 30 HP, welche fast ununterbrochen mit dem früheren Wasserrad zusammenarbeitete und einen Kohlenverbrauch von etwa 1750 kg (Braunkohle) in 24 Stunden aufwies, seit Ingangsetzung des neuen Rades außer Dienst gesetzt werden konnte, was einer Verminderung der täglichen Betriebsunkosten von etwa 35 Mark gleichkommt.

Die sekundliche normale Zuflußmenge beträgt ca. 4 bis 5 cbm, das Gefälle bei Mittelwasser 1,75 m. Im Winter sinkt die Wassermenge bis auf ca. 3,5 cbm, wobei mit Grundeis zu kämpfen ist, im Hochsommer wird der normale Stand überschritten und erreicht 6,4 cbm in der Sekunde, das Gefälle beträgt dann noch 1,40 m. Der Zulaufkanal ist von beträchtlicher Länge und durfte nicht geändert werden, der Ablaufkanal mündet auf kurze Entfernung von der Mühle in die Isar, deren kleinste Wassermenge zu 80 cbm i. d. Sekunde berechnet ist.

Das Gefälle wechselt bei den verschiedenen Wasserständen von 1,60 bis 1,90 m und geht bei Hochwasser bis auf 0,50 bis 0,70 m zurück. Der Rückstau ist mehr vom Hochwasserstand des Stroms, als von der Zuflußmenge des Kanals abhängig.

Nachdem die Besitzer der Mühle, Herrn C. A. MEYERS Nachfolger, sich mehrere Jahre mit dem Projekt des Ausbaues ihrer Wasserkraft getragen hatten, wobei die Frage, ob Wasserrad oder Turbine, seitens der sich bewerbenden Fabriken in mehreren Kombinationen zu lösen versucht wurde, entschied sich die Firma für das von M. MÜLLER in Cannstatt in Vorschlag gebrachte Wasserrad mit Überfalleinlauf und erteilte Mitte August 1895 Auftrag zu dessen

Ausführung. Ausschlaggebend bei Wahl des Motors war hauptsächlich die Unempfindlichkeit desselben gegen Betriebsstörungen durch Bodengras und Eis, der fast gleichbleibende Nutzeffekt bei veränderlichem Gefälle und die leichte Ausbesserungsfähigkeit und Instandhaltung.

Das alte Wasserrad hatte einen Durchmesser von 6,10 m, bei einer Breite von 2,27 m, die radiale Tiefe betrug 0,70 m, die Umdrehungszahl i. d. Minute 10 (Umfangsschnelle = 3,20 m i. d. Sekunde), der Füllungsgrad 0,78; letzterer ist erheblich zu groß, das Rad war auch bei gewöhnlichen Wasserständen überflutet; dasselbe wurde seiner Zeit durch Maschinenfabrikant Sommer in Landshut gebremst. Die Kraftmessung geschah an der Längswelle, welche durch die Mühle führt, mit zwei Bremsdynamometer zu je 2,90 m ausgewuchteter Hebellänge. Das Wasserrad wurde während des Versuches mit den Haupttransmissionen in Betrieb gesetzt, hingegen sämtliche Walzen, Mahlgänge und Hilfsmaschinen ausgerückt.

Die Versuche wurden bei einem Wasserstand von 3,43 cbm i. d. Sek. angestellt und war hierbei die Stauung so hoch, daß die Leerlaufschütze etwa 30 mm von Wasser überspült war.

Übersicht.

Aufgelegtes Gewicht auf beiden Dynamometer	Tourenzahl der Transmission in der Mühle	Effektive Pferdekräfte	Bemerkungen
P kg	n	HP.	
75	87,5	26,51	
85	85	29,19	
95	80	30,70	normale Tourenzahl
100	77	31,10	
110	73	32,44	
120	70	33,93	größter Effekt
130	64	33,61	
140	59	33,37	
150	55	33,33	

Die effektiven Pferdestärken ergeben sich aus der Formel:

$$\text{Effekt i. d. Sek.} = \frac{T \,.\, L}{75{,}30} \times P \,.\, n = \frac{3{,}14 \times 2{,}9}{75{,}30} \times P n$$

$$N_n = 0{,}00404 \; P n$$

Um die sekundliche Wassermenge zu bestimmen, wurde die Radschütze geschlossen und eine Leerlauffalle soweit geöffnet, bis das Wasser vor der Schütze den normalen Stand erreicht hatte und denselben beibehielt.

Die Schütze mußte 0,695 m gehoben werden, dieselbe hatte eine Durchgangsbreite von 2,460 m. Es ergiebt sich Querschnitt der Durchgangsöffnung: $s = b \,.\, h_o = 2{,}460 \,.\, 0{,}695 = 1{,}709$ rd. 1,71 qm; Druckgefälle, d. h. senkrechter Abstand von Mitte Durchgangsöffnung bis Oberwasserspiegel:

$$h = 0{,}540 \text{ m},$$

daraus die Geschwindigkeit:

$$v = \sqrt{2\,g\,h} = \sqrt{2\,.\,9{,}81\,.\,0{,}540} = \sqrt{10{,}59} = 3{,}24 \text{ m i. d. Sekunde;}$$

und hieraus die absolute Wassermenge:

$$Q_1 = s\,.\,v = 1{,}71\,.\,3{,}24 = 5{,}54 \text{ cbm}$$

daher die wirkliche Ausflußmenge:

$$Q = \mu\,.\,s\,.\,v = 0{,}62\,.\,5{,}54 \doteq 3{,}43 \text{ cbm}$$

Der Koeffizient μ entspricht einer unvollständigen Kontraktion, da dieselbe nur an beiden Seiten und oben eintrat, während unten keine Kontraktion vorhanden war, da der Gerinnboden eben durchläuft.

Nach obigem ist die absolute Kraft:

$$N_a = Q\,.\,H = \frac{3430^k\,.\,1{,}770}{75} = 80{,}01 \text{ rd. } 80 \text{ HP.}$$

Im günstigsten Falle stellte sich somit der Wirkungsgrad des Wasserrades auf:

$$\frac{N_a}{N_n} = \frac{33{,}93}{80} = 0{,}424 \text{ oder } 42{,}4\,\%$$

Das neue Wasserrad, welches diesen schlechtwirkenden Motor zu ersetzen hatte, war in folgenden Verhältnissen gebaut (Tafel XXVI):

Raddurchmesser	=	7,00 m
Schaufelbreite	=	4,50 „
Schaufelzahl	=	40
radiale Tiefe	=	1,75 „

Umdrehungen i. d. Minute = $3^1/_2$ entsprechend einer Umfangsgeschwindigkeit von $v = 1{,}283$ m i. d. Sekunde.

Der Füllungsgrad beträgt:

bei 4	cbm	i. d.	Sekunde	ε	= 0,44
„ 5	„	„	„	„	= 0,55
„ 6,4	„	„	„	„	= 0,73

Dieses System mit tiefen, gekrümmten Schaufeln und Überfallschützen giebt für kleinere und mittlere Gefälle bei mäßiger Umfangsgeschwindigkeit (etwa 1,2 m i. d. Sekunde) einen Wirkungsgrad von 75 %, wenn man das Rad so tief tauchen läßt, daß der Wasserstand im untersten Schaufelraum ungefähr in gleicher Höhe mit dem Unterwasserspiegel steht. Da mit steigendem Wasserstand auch die Wassermenge wächst, so läßt sich dieser günstige Zustand selbst bei stark wechselnden Wasserständen annähernd erhalten. Mittels Turbinen ist ein gleicher Wirkungsgrad bei wechselnden Wassermengen und Gefällen nur dann zu erreichen, wenn deren mehrere aufgestellt werden. Die Schaufeln sind von Forchenholz mit Hartholzvorschaufeln, der Radkörper aus Schmiedeeisen, die Welle aus Stahl, nur die Rosetten aus Gußeisen. Das Rad hat drei Armkreuze, welche durch Diagonalverbände wirksam miteinander versteift sind. Die Schaufelstiele sind von Winkeleisen, mit drei konzentrischen Ringen vernietet; der äußere Ring ist Flacheisen, um den Eintritt nicht zu stören, die beiden inneren sind Winkeleisen, welche mit den Schaufelstielen und Gegenstreben eine steife Fachwerkskonstruktion bilden. Die Arme aus U-Eisen sind mit den Rosetten vernietet und die Nietstärke so bemessen, daß die Nietreibung allein allen Kräften widersteht.

Gerinne und Seitenpfeiler sind von Beton, der obere Teil des Kropfes, gegen den sich die Überfallschütze lehnt, von Gußeisen; letztere ist von Eichenholz oben durch ein abgerundetes Überfallpolster abgeschlossen. Der ganze Betonbau wurde in 25 Tagen von M. Ott in München in mustergiltiger Weise ausgeführt; gegen Ende Oktober konnte mit der Montierung begonnen werden und befindet sich die Anlage seit 2. Dezember 1895 in Betrieb.

Der Effekt beträgt durch die Neuanlage infolge höheren Wirkungsgrades und vollständiger Ausnützung des Gefälls über das Doppelte gegen früher.

Verteilung der Belastung auf der Wasserradwelle.

(Vergl. Tafel XXVI.)

Gewicht der hölzernen Radschaufeln (die Bohlen hatten in frischem Zustand 10110 kg gewogen)	15000 kg
Schmiedeeiserner Radkörper	8700 „
drei gußeiserne Rosetten	2400 „
Eigengewicht der stählernen Radachse	4000 „
Wasserbelastung	7000 „

	Auf Punkt B entfallen:	auf Punkt D:	auf Punkt E:
eine Rosette	800 kg	800 kg	800 kg
$^1/_3$ des schmiedeeis. Radkörpers	2900 „	2900 „	2900 „
Anteil der Welle	900 „	950 „	900 „
Holzschaufeln	4400 „	6200 „	4400 „
Wassergewicht	2100 „	2900 „	2100 „
	11100 kg	13750 kg	11100 kg

Total = 35950 kg

Obgleich vorstehende Einzelgewichte zumteil nicht genau dem erhobenen Gewichte bei der Ablieferung entsprachen, so besteht dennoch genügende Übereinstimmung mit der Wirklichkeit, da sich die Zahlen gegenseitig ausgleichen und die Gesamtsumme nur wenig von der Wahrheit abweicht.

Bei Drehpunkt A haben wir:

$$P_2 = B : 537 = 11100 \,.\, 68 + 13750 \,.\, 256 + 11100 \,.\, 453$$

$$= \frac{11100 \,.\, 68 + 13750 \,.\, 256 + 11100 \,.\, 453}{537}$$

$$= 17325 \text{ kg}$$

dementsprechend bei A: 35990 — 17325

$$P_1 = 18825 \text{ kg}$$

Zur Berechnung auf Festigkeit des Lagerzapfens bei A besteht die Beziehung:

$$\frac{P \,.\, L}{2} = \frac{s \,.\, b \,.\, d^3}{10} \qquad d = \sqrt[3]{\frac{5\, P \,.\, L}{s \,.\, b}}$$

$$10\, P \,.\, L = 2 \,.\, s \,.\, b \,.\, d^3 \qquad = \sqrt[3]{\frac{5 \,.\, 18700 \,.\, 28}{400}}$$

$$d^3 = 10\, P \,.\, L \qquad = \sqrt[3]{935 \,.\, 7}$$

$$d = 18 \text{ cm}$$

wofür bei Ausführung aus a. a. O. angegebenen Gründen

$$d = 245 \text{ mm}, \quad L = 380 \text{ mm}$$

genommen wurde. Dadurch wird die spezifische Pressung P:

$$P = k\, L\, d$$

$$k = \frac{P}{L \,.\, d} = \frac{18700}{28 \,.\, 24}$$

$P = 28$ kg (Es darf bis 40 kg pro qmm gegangen werden.)

Aus konstruktiven Rücksichten empfahl sich für Stärke des Zapfens bei B, bezw. für dessen Länge:

$$d_1 = 310 \text{ mm}, \quad L_1 = 400 \text{ mm}$$

Der Zahndruck am Stirnrad ergiebt sich:

$$M_z = \frac{71620 \,.\, 70}{3{,}5} = 1432400 \text{ cm kg}$$

$$M_z = P \,.\, R$$

$$P = \frac{M_z}{R} = \frac{1432400}{204} = 7022 \text{ kg}$$

Verzeichnis der einzelnen Teile.

Wasserrad.

1	Wasserradwelle aus Stahl, 6,30 m lang, 310/380/330 mm dick	4440 kg
1	Wasserradlager mit Bronzeschalen, 310 mm Bohrg.	609 „
1	„ „ „ 245 „ „	480 „
3	gußeiserne Wasserradrosetten, achtarmig, 380/330/310 mm Bohrg., 6 Nabenringe, 6 Stahlkeile	2649 „

Schmiedeeiserner Radkörper.

12	Wasserradsegmente mit aufgenieteten Schaufelstielen und Platten für den äußeren Ring	
12	Arme, U-Profileisen mit aufgenieteten Platten, 12 Laschen	
10	Bund Schaufelschienen, Nieten	
12	Wasserradarme wie vorstehend	8214 „
16	Winkelstreben, Federneisen	
4	Diagonalverbände U-Profileisen und Platten	
1464	Schaufelschrauben, 75 × 13, Nieten	
		16392 kg
40	beiderseits behobelte, gefügte und für eiserne Federn genutete Wasserradschaufeln, nach Schablone bearbeitet, fertig aufgeschraubt mit Hartholz-Vorschaufeln, 369 qm, Stärke 48 und 38 mm.	

Überfallkropf und Regulierschützenzug.

1	Überfallkropfstück, zweiteilig, mit angegossenen Tragfüßen	1889 kg
2	obere U-Balken zum Fallenzug	841 „
2	Fallenführungen, U-Profileisen	
	Übertrag:	2730 kg

	Transport:	2730 kg
4	Steinschrauben zum Kropfstück, Platten, Schrauben, Nieten	50 „
1	Überfallschütze aus Eichenholz, gehobelt und genutet, mit eichenen Federn versehen 0,893 cbm	
1	Schneckenrad, 60 E. Z., 54 mm Tlg., 1,030 m Dtr.	212 „
1	Schneckenplatte, 80 und 50 mm Bohrg. mit 3 Steinschrauben	
1	Schneckenwelle, 3800 mm lang, 55 mm dick, mit 1 Schnecke	
1	kon. Räderpaar 60 : 20, 45 und 55 mm Bohrg.	411 „
1	gußeiserne Säule mit 2 Armen, 4 Steinschrauben	
1	Welle, 860 mm lang, 45 mm dick	
1	Handrad mit Griff, 800 mm Dtr.	
3	Böcke zur Fallenzugachse	191 „
2	Wellen und 1 Kupplung	228 „
2	kon. Räder 36 E. Z., 55 mm Bohrg., 405 mm Dtr., 35,34 mm Tlg.	
1	Winkelbock, 55 mm Dtr. mit 4 Steinschrauben	131 „
1	Welle, 2420 mm lang, 55 mm dick	
		3953 kg

Getriebe.

1	Stirnrad 120 E. Z., 4,080 m Dtr., 2teilig, 270 mm Zahnbreite, zusammengehobelt, die Zähne bearbeitet, 16 Schrauben mit Splinten, 2 Keile, 2 Nabenringe	5126 kg
1	Stirntrieb dazu 38 E. Z., 1,292 m Dtr., mit 2 Stahlkeile	1030 „
1	Vorgelegwelle, 3,450 m lang, 165 mm dick	573 „
1	Lagerbock mit 2 Steinschrauben	160 „
1	Lageruntersatz zum I. Vorgelege	181 „
1	Verbindungstraverse, 1,48 m lang, mit 4 Schrauben zum Wasserradlager und 4 Anker	246 „
1	Untersatz zum II. Vorgelege	200 „
1	Stirntrieb 48 E. Z., 1,054 m Dtr. ins II. Stirnrad, 210 mm breit, 2 Keile	484 „
1	Anker mit Keil und 1 Rückplatte	38 „
1	Fußlager mit Bronzeschalen ohne Sohle	133 „
1	„ „ „ Sohle und 2 Steinschrauben	230 „
2	„ mit je 2 Steinschrauben	450 „
1	„ 165 mm Bohrg.	70 „
		8921 kg

Vergleich der Wasserradanlage mit einer Turbinenanlage mag in vorliegendem Falle von Interesse sein.

Eine der ersten Turbinenfabriken Deutschlands hatte für die Anlage eine Jonval-Turbine in Vorschlag gebracht, welche bei verschiedenen Wasserständen folgendermaßen arbeitet:

Durchmesser des Laufrades	$D = 2{,}600$ m
Umdrehungen i. d. Minute	$n = 35$
Gefälle	$H = 1{,}800$ m
Wassermenge i. d. Sek.	$Q = 3{,}5$ cbm

Nutzleistung	$N_n = 63$ HP
Wirkungsgrad	$\eta = 0{,}75$
Wassermenge i. d. Sekunde	$Q = 1{,}5$ cbm
Gefälle	$H = 1{,}800$ m
Umdrehungen i. d. Minute	$n = 35$
Wirkungsgrad	$\eta = 0{,}70$
Nutzleistung	$N_n = 25$ HP.
Wassermenge i. d. Sek.	$Q = 2{,}18$ cbm
Gefälle	$H = 0{,}700$ m
Umdrehungen $n = 22$ i. d. Minute	$n = 35$ i. d. Min.
Wirkungsgrad $\eta = 0{,}74$	$\eta = 0{,}64$
Nutzleistung $N_n = 15$ HP	$N_n = 13$ HP.

Preis der Turbine mit Regulierung, jedoch ohne Turbinenwelle-Verlängerung und ohne Abtrieb: Mk. 5300.

Man ersieht, daß bei Verminderung der Wassermenge der Wirkungsgrad um 5 % sinkt, obgleich die Beaufschlagung nur im Verhältnis = 1 : 2,34 stattfindet. Wesentlich ungünstiger stellt sich jedoch der Effekt der Turbine, wenn das Gefälle abnimmt und die normale Tourenzahl beibehalten werden muß.

Bei Turbinen sind sämtliche Bewegungen abhängig vom Gefälle, was bei Wasserrädern nicht in gleichem Maße der Fall ist, dieselben arbeiten bei verschiedenen Gefällshöhen mit annähernd gleicher Umdrehungszahl und liegt hierin ein wesentlicher Vorzug dieser Motoren gegenüber den Turbinen.

Die Konsumtionsfähigkeit der in Betracht kommenden Turbine ist bei 0,7 m Gefälle nur noch etwa 2,18 cbm, obgleich Wasser im Überfluß vorhanden; unter solchen Umständen arbeitet ein Wasserrad vorteilhafter, und da bei Kleinwasser ebenfalls ein höherer Effekt mit Sicherheit zu erwarten ist, so wurde die Motorenfrage zu Gunsten desselben entschieden.

Zweites Beispiel.

Wasserrad mit Überfalleinlauf zum Betrieb einer mechanischen Weberei.

Wassermenge i. d. Sek.	$Q = 1{,}600$ bis $2{,}500$ cbm
Gefälle	$H = 1{,}470$ m
Raddurchmesser	$D = 6{,}000$ "
Schaufelbreite	$B = 4{,}000$ "
Radiale Tiefe	$a = 1{,}250$ "
Schaufelzahl	$Z = 36$
Schaufelteilung	$t = 0{,}5236$ "
Armzahl	$A = 6$
Umdrehungen i. d. Minute	$n = 4$
Umfangsgeschwindigkeit i. d. Sekunde	$v = 1{,}270$ "
Geschwindigkeit im Schwerpunkt der Schaufelfüllung	$v_1 = 1{,}152$ "

Füllungsgrad	bei 1,600 cbm	$\varepsilon = 0{,}315$
	„ 2,150 „	$= 0{,}425$
	„ 2,500 „	$= 0{,}500$
Tauchung des Rades bei 2,050 cbm		$h_t = 0{,}5$ m
Größte zulässige Wassermenge, welche durch das Rad noch verarbeitet werden kann, etwa $^3/_5$ Füllung		$Q_1 = 3{,}020$ cbm i. d. Sek.
Gewicht der Wasserfüllung im Rad		$G_w = 3150$ kg
„ „ Holzschaufeln		$G_s = 7300$ „
Garantierter Wirkungsgrad auf der dritten Welle gemessen = 72 %		
Nutzleistung des Rades		$N_n = 36$ HP.

Verzeichnis der einzelnen Teile.

18	Wasserradarme, U-Eisen, 215×87×14 mm	1152 kg
110	Schaufelschienen	300 „
9	Radsegmente mit aufgenieteten Schaufelstielen	
6	einzelne Ringe	4070 „
300	Nieten, welche am Platz geschlagen werden müssen	107 „
27	Laschen	47 „
1200	Schaufelschrauben, 13 mm dick	161 „
3	gußeiserne Rosetten mit 6 schmiedeeisernen Nabenringen und 6 Stahlkeile	2075 „
1	Wasserradwelle aus Stahl, 6,160 m lang, 230, 260, 290 und 260 mm dick	2445 „
3	Wasserradlager mit Bronzeschalen, Sohlen und Schrauben, 3 Schutzdeckel	994 „
1	Überfallkropf, zweiteilig verschraubt, mit Schrauben	1126 „
	1 Regulierfallenzug.	
2	Fallenführungen, U-Eisen samt Schrauben	295 „
2	schmiedeeiserne Zahnstangen mit 2 Fallenanfassungen	192 „
10	Mutterschrauben zur Spuntwand	15 „
2	Traversen, U-Eisen mit Verbindungsstücken	} 500 „
3	Fallenzugböcke mit Führungsrollen	
2	Rollen zum Überfall	
1	Fallenzugachse, 5,540 m lang, 65 mm dick	} 266 „
2	Zahnstangentriebe	
1	Stirnrad, 3 Keile	
3	Winkelgetriebböcke	} 563 „
1	Wandplatte, 4 Fallenzugachsen	
4	kon. Getriebe, 1 Stirntrieb	
1	Lagerständer, 4 Fallenzugachsen	
1	Steuerrad, 4 Keile	
4	Winkel mit Schrauben	
27	Schrauben, 3 Rosetten, 1 Stück Rohr	
1	Keil	3 „

64	Schrauben zum Fallenzug	68 kg
1 3	Überfallblech mit 124 Holzschrauben Mutterschrauben, 1 Keil zum Wasserrad	55 „
6	Rosettenkeile	27 „
6 2	Nabenringe zu den Rosetten „ aufs Stirnrad	132 „

1 Leerlauffallenzug und 2 Vorfallenzüge.

3	Achsen 55 mm dick	144 „
3	Fallenzugböcke mit Schneckenachsen, Schnecken, Führungsrollen mit Bolzen	284 „
6	Fallenzugböcke ohne Schnecken mit Führungsrollen und Bolzen	390 „
6 24	schmiedeeiserne Zahnstangen mit Charniere Schrauben zum Befestigen der Charniere an die Fallen	316 „
6 3 3	Zahnstangentriebe mit Deckel Handräder Schneckenräder mit Keile	414 „
64	Schrauben	68 „
36	Radschaufeln aus Forchenholz, 4 m lang, beiderseits gehobelt, genutet und aufgeschraubt, Vorschaufel buchen, 218 qm, ca.	7300 „
1	Schlammschieber mit Rahme, Spindel und Handrad, 8 Schrauben	150 „
70	Rechenstäbe, Ovaleisen mit 150 Nägel	330 „

Getriebe.

1	Stirnrad auf der Wasserradwelle 120 E. Z., zweiteilig verschraubt, Dtr. = 3,440 m, 2 schmiedeeiserne Nabenringe	3064 „
2	Radkeile aus Stahl	8 „
1	Stirntrieb 35 E.Z., Dtr. = 1260 mm, B = 245 mm, Tlg. = 90 mm	538 „
1	Stirnrad 112 E.Z., „ = 2,356 m, „ = 205 „ „ = 66,1 „	1115 „
1	Stirntrieb 36 E.Z., „ = 0,754 „ „ = 205 „ „ = 66,1 „	314 „
1	kon. Rad 90 HK., „ = 1,620 „ „ = 148 „ „ = 56,6 „	527 „
1	kon. Trieb 50 E.Z. „ = 0,900 „ „ = 160 „ „ = 56,6 „	223 „
4	Vorgeleglager mit Bronzeschalen und Sohlen	629 „
1	„ „ Sohlenverlängerung	267 „
1	Winkellagerplatte mit 2 Vorgeleglager mit Bronzeschalen	260 „
2	Wandkasten mit 2 Bodenlager mit Bronzeschalen	310 „
32	Steinschrauben, 23‴ (engl.) dick	
10	„ 32‴ „	
1	Vorgelegwelle, 2,270 m lang, 160 mm dick, mit 2 eingedrehten Lagerzapfen	307 „
1	Vorgelegwelle mit 2 Wellköpfen, 910 und 940 mm lang, 135 mm dick, in der Mitte 2520/130 mit 2 eingedrehten Lagerzapfen	406 „
1	Vorgelegwelle, 1,60 m lang, 132 mm dick, mit 2 eingedrehten Lagerzapfen	156 „
1	Riemenscheibe, D = 2520 mm, B = 420 mm	974 „
1	„ „ = 1440 „ „ = 425 „ Bohrung = 103 mm mit 1 Keil	332 „

17 Steinschrauben 27 kg
1 Transmissionswelle, 5,190 m lang, 80 mm dick, mit Wellkopf 100 mm dick und eingedrehten Lagerstellen,
1 desgleichen 4 m lang, 80 mm dick } 323 „
1 Transmissionswelle, 3,300 m lang, 103/100 mm dick
1 „ 2,200 „ „ 80 „ „ } 286 „
2 Kupplungen samt Schrauben und Keile 155 „
2 Säulen als Träger der Transmission 750 „
2 Konsolen mit Bodenlager, Bronzeschalen, Bolzen und Muttern 205 „
4 Konsolen mit Schrauben 167 „

Vorstehende Transmissionsteile befinden sich im Triebwerkslokal und bilden gemeinschaftlichen Antrieb für das Wasserrad und eine Reservedampfmaschine.

Kraftmessung.

Nachstehend werden die Resultate der durch Prof. v. Kankelwitz vorgenommenen Bremsuntersuchung des Wasserrades in tabellarischer Form gegeben.

Versuchsreihe	Umgänge der 3. Welle i. d. Minute	Überfallhöhe bei der Radschütze in Millimeter gemessen	Korrigierte Überfallhöhe bei der Radschütze in Millimeter berechnet	Wasserquantum in Kubikmeter i. d. Sek.	Gemessenes Gefälle in Meter	Absolute Kraft in Pferdestärken	Vom Rade ausgenutzte Kraft durch Bremsen bestimmt. Pferdekräfte	Nutzeffekt in Prozent
I	67 bis 68	391	415,9	1,98	1,25	33,0	23,12	70,06
II	63,7	436	484,8	2,49	1,28	42,5	32,7	76.56
III	60 bis 68	419	—	2,39 *	1,197	38,01 *	28,03	73,7 *
IV	63 bis 65	354 Wassertiefe am Einlass	—	2,77	1,024	37,72	27,5	72,9
V			—	—	—	—	—	—
VI	60 bis 65	437	—	—	1,1	—	32,07	—
VII	60 bis 67,5	—	—	—	1,265	—	28,7	—
VIII	60 bis 64	397	452,7	2,07	1,3	35,88	27,3	73,3

Zu bemerken ist, daß der Hebel der Bremse 3,713 m lang, mit einer Wagschalenbelastung von 58 kg aequivalent war; hervorzuheben ist jedoch, daß die Bremsscheibe nicht in Ordnung war, sie lief nicht rund und mit der Folge, daß die heftigen, mit jeder Umdrehung stoßweise auftretenden Schwankungen eine Kraftmessung nur mit Hilfe eines Kataraktes ermöglichten, ohne die stoßweisen Zuckungen damit fortschaffen zu können. Welchen Einfluß letztere auf

* Nachträglich vom Verfasser ergänzt.

das Resultat gehabt haben, läßt sich nicht bestimmen; es ergeben sich aber an sich Schwankungen im Ziffernwerte bis zu 4 % oder bis zu 2 % aufwärts und abwärts vom Mittel. Bei den tabellarischen Ziffern sind zur Berechnung der Kraft die Mittelwerte der Zahlen benutzt worden, welche sich in den einzelnen Versuchsreihen bei 60 bis 68 Umgängen der gebremsten Welle ergeben haben.

Die Wasserquanten sind berechnet nach der Überfallhöhe über die Radschütze; die Breite des Überfalles betrug 4,017 m und sind die gemessenen Höhen nach Maßgabe der Wassergeschwindigkeiten vor der Schütze korrigiert worden; in dieser Weise sind die Wasserquanten der Versuchsreihe I, II und III bestimmt. Bei den Reihen IV bis VII konnte diese Rechnung nicht durchgeführt werden, weil sich zeigte, daß der Wassereintritt unter Verhältnissen erfolgt war, welche außerhalb der zulässigen Grenzen der Korrektionsrechnungen liegen. Hätte man hier die Quanten bestimmen wollen, so hätte man zum Woltmann'schen Flügel greifen müssen, was einen etwa zweitägigen besonderen Fabrikstillstand bedingt haben würde.

Dagegen konnte trotzdem bei den Reihen IV und V das Wasserquantum berechnet werden, weil der Oberwasserspiegel und die Radschütze so tief standen, daß für den Einfluß nicht mehr der Radschützenüberfall, sondern der Durchgangsquerschnitt bei der Hauptschütze maßgebend war. Aus diesem Grunde ist in der Tabelle für diese Versuche die fragliche Wassertiefe notiert, nicht aber die Überfallhöhe bei der Radschütze.

Die Berechnung der Gefälle ist in der meistüblichen Weise erfolgt als Höhendifferenz des sichtbaren Wasserspiegels; wollte man, was auch mitunter geschieht, die lebendige Kraft des Wassers infolge seiner Zuflußgeschwindigkeit noch in Rechnung ziehen, so würde sich der Prozentsatz des Nutzeffektes etwas ermäßigen; am meisten würde das bei Reihe II hervortreten, bei welcher es sich um 3 % handelte.

Schließlich ist zu sagen, daß die Kraftmessungen unter unnormalen Verhältnissen erfolgten, denn einerseits hatte das Rad in der ersten Versuchsreihe mit erheblichem Stauwasser zu kämpfen (ca. 0,4 m); bei den andern Versuchsreihen, mit Ausnahme von VIII, war dagegen der Oberwasserspiegel so erheblich gesunken, daß das für die betreffenden Beaufschlagungen normale Gefälle nicht vorhanden war.

Drittes Beispiel.

Wasserradanlage in Cannstatt (Tafel XXVIII).

Die kleinste Wassermenge des Neckars bei Cannstatt wird zu 6750 Liter i. d. Sek. (286 Kubikfuß württ.) angenommen; hiervon für die Werke Elsas & Co. = 1,5 cbm, Lindauer (früher Chur) = 1,4 cbm (60 Kubikfuß württ.) sowie für das Pumpwerk der kgl. Wilhelma und für das durchs Wehr rinnende Wasser zus. 2750 Sek./Liter abgerechnet, bleiben für die städtische Wasserkraft etwa 4 cbm verfügbar.

Das Nutzgefälle bei kleinstem Wasserstand beträgt ca. 2,50 m. Aus diesem Gefälle und 4 cbm Wasser i. d. Sek. berechnet sich eine theoretische Wasserkraft von 133 Pferdekräften oder unter Zugrundlegung eines Nutzeffektes von 70 % für die Motoren ein Nutzeffekt von 93 Pferdekräften.

Bei kleinem Mittelwasserstand, d. h. bei einem oberen Wasserspiegel von 4 cm über Wehrhöhe, ist eine Gesamtwassermenge des Neckars von ca. 12 cbm anzunehmen, von welchen 8 cbm auf die städtische Wasserkraft zu rechnen sind; hierbei wird ein Nutzgefälle von 2,40 m vorhanden sein, woraus

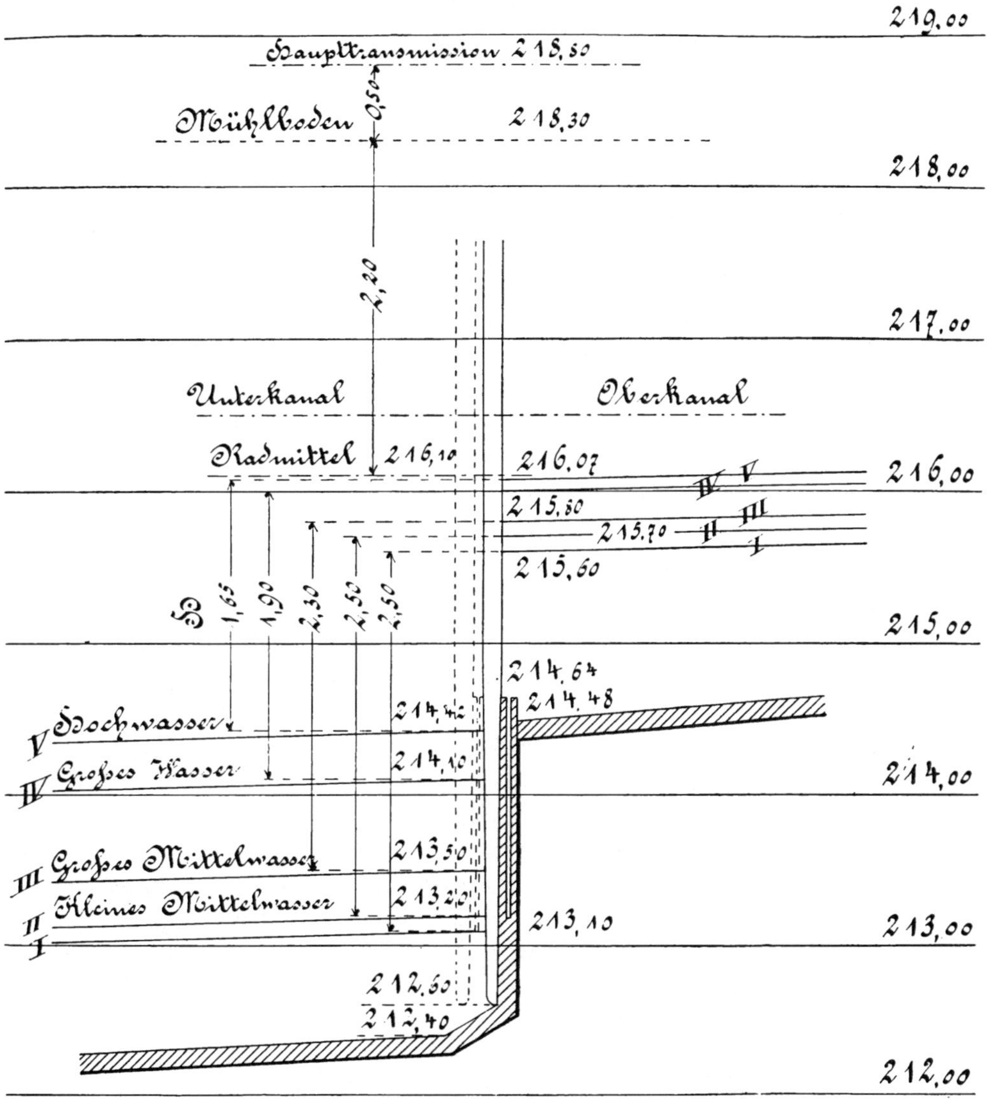

Fig. 21. Radgassendurchschnitt.

sich eine theoretische Kraft von 256 HP. oder bei einem Wirkungsgrad der Motoren von 70 % ein Nutzeffekt von

179 Pferdekräften

berechnet.

Die Breite der in die vier bestehenden Radgassen (Fig. 21) einzusetzenden Wasserräder beträgt bei:

Radgasse	Schaufelbreite	Wassermenge	Pferdekräfte
I	3,750 m	2,870 cbm	65 HP.
II	2,250 „	1,710 „	38 „
III	2,250 „	1,710 „	38 „
IV	2,250 „	1,710 „	38 „
Zus.:	10,500 m	8,000 cbm	179 HP.

Die Gesamtschaufelbreite ist 10,50 m, somit das Verhältnis

$$\frac{Q}{B} \text{ bei 8 cbm} = 0,76$$
$$\text{,, 7 ,,} = 0,66$$

Die Frage, ob für gute Ausnützung der Wasserkraft Wasserräder oder Turbinen den Vorzug verdienen, ist seinerzeit ebenfalls in reifliche Erwägung gezogen werden. Zu diesem Zweck wurden, um die Kosten feststellen zu können, Projektskizzen für beide Anlagen ausgearbeitet und die Anlagekosten vergleichsweise zusammengestellt. Es ergab sich hierbei, daß die Gesamtkosten, d. h. Oberkanal, Wasserbau, Motorengebäude und Motoren selbst, nebst Haupttransmission zum Betrieb der Pumpwerke sowie Transmission zum Betrieb der Kunst- und Kundenmühle betragen:

für Wasserradanlage Mk. 145000
„ Turbinenanlage „ 110000

Die Turbinenanlage würde sich somit um Mk. 35000 billiger stellen als die Wasserradanlage.

Was den Nutzeffekt anbelangt, so ist für denselben, gute Konstruktion vorausgesetzt, sowohl für Wasserräder als auch für Turbinen 70 % angenommen worden, obwohl in Wirklichkeit noch etwas mehr erzielt werden kann.

Turbinen hätten den Vorteil, daß bei kleinem Wasser das ganze Gefälle ausgenützt werden könnte, was bei Wasserrädern nicht in demselben Maße der Fall ist, weil solche mit Rücksicht auf das Hinterwasser doch so hoch gestellt werden müssen, daß sie, abgesehen von eigentlichem Hochwasser, bei jedem Wasserstand im Unterkanal noch gut arbeiten. Das bei gewöhnlich großen Wasserständen vorhandene Hinterwasser hat zwar bei den langsamgehenden Rädern mit Überfallschütze viel weniger Nachteil als bei älteren Rädern mit großer Geschwindigkeit.

Turbinen hätten ferner den Vorteil, daß sie so konstruiert werden könnten, um auch bei starkem Hinterwasser, wobei das Gefälle statt 2,40 bis 2,20 m nur noch 1,60 bis 1 m und weniger beträgt, die volle Kraftleistung zu geben, was bei Wasserrädern nicht der Fall ist.

Dagegen hätten Turbinen den Nachteil, daß sie bei großer Kälte leichter einfrieren als Wasserräder und hierdurch Stillstände und Unterhaltungskosten entstehen würden.

Es kommt jedoch bei Entscheidung dieser Frage noch ferner in Betracht, daß die Wassermenge des Neckars ziemlich veränderlich ist und deshalb die Bedienung und Regulierung des Wasserverbrauchs bei einer Turbinenanlage viel mehr Aufmerksamkeit erfordert als bei einer Wasserradanlage, wenn man in beiden Fällen den bestmöglichen Effekt erzielen will. Auch sind etwaige

Ausbesserungen an den Schaufeln eines Wasserrades von jedem Zimmermann leicht auszuführen, während Reparaturen an Turbinen stets zeitraubend und kostspielig sind.

Mit Rücksicht auf alle diese Umstände und trotzdem die Wasserradanlage, wie schon erwähnt, um etwa Mk. 35000 teurer zu stehen kommt als die Turbinenanlage, wurde die Ausführung von Wasserrädern beschlossen.

Das Wasserrad für Radgasse III zum Betrieb des ersten Pumpwerks kam im Jahre 1882 durch die Firma Gebrüder Decker in Cannstatt, dasjenige für Gasse II zum Betrieb der Mühle unmittelbar darnach durch die Firma M. Müller in Cannstatt, sowie dasjenige für Gasse IV bei der Erweiterung des Pumpwerks im Jahre 1895 durch mehrere Unternehmer, worunter auch der Verfasser, zur Aufstellung; Gasse I ist noch verfügbar.

Wasserrad der städtischen Mühle.

Die Stadt hat zum Betrieb ihrer Mühle von den vier ausgeführten Wassergassen die auf Tafel XXVIII näherbezeichnete benützt und in derselben ein Wasserrad von 30 Pferdekräften aufstellen lassen.

Die Veränderungen des Ober- und Unterwasserspiegels sind aus dem Radgassendurchschnitt (Fig. 21, S. 71) ersichtlich und soll das Wasserrad bei dem als normal bezeichneten Wasserstande und 75 bis 80 % Nutzeffekt-Garantie eine Nutzleistung von 30 Pferdekräften geben, doch sind alle Dimensionen so stark zu wählen, daß mit Sicherheit noch mit 40 Pferdekräften gearbeitet werden kann, auch ist das Rad so zu konstruieren, daß es bei der als Hochwasserstand bezeichneten Höhe noch gangfähig. Für das Wasserrad ist bei Mittelwasser eine Triebwassermenge von 1,5 cbm i. d. Sek. angenommen. Das Rad macht bei 7 m Durchmesser drei Umgänge i. d. Minute.

Die Überfallschütze, von der Mühle aus regelbar, ist so eingerichtet, daß die Überfallkante in ihrer tiefsten Stellung 0,2 m über der mit 214,64 m kotierten Einlaßschwelle liegt.

Die Stellung der Schütze wird im Innern der Mühle durch Zeigervorrichtung sichtbar gemacht.

Wassermenge i. d. Sekunde	$Q = 1{,}500$ cbm
Gefälle (mittleres)	$H = 2{,}500$ m
Raddurchmesser	$D = 7{,}000$ „
Schaufelbreite	$B = 2{,}250$ „
Radiale Tiefe	$a = 1{,}750$ „
Schaufelzahl	$Z = 48$
Schaufelteilung	$t = 0{,}458$ „
Armzahl	$A = 8$
Umdrehungen i. d. Minute	$n = 3$
Umfangsgeschwindigkeit i. d. Sek.	$v = 1{,}100$ „
Geschwindigkeit im Schwerpunkt der Wasserfüllung	$v_1 = 0{,}989$ „
Füllungsgrad bei 1,300 cbm i. d. Sek.	$\varepsilon = 0{,}5$
Nutzleistung in Pferdekräften	$N_n = 30$ bis 40 HP.
Tauchung des Rades bei 1,3 cbm i. d. Sek.	$h_t = 0{,}700$ m

Größte zulässige Wassermenge, welche durch das Rad noch verarbeitet werden kann $Q_{max} = 2{,}250$ cbm

Gewicht der Wasserfüllung $G_w = 3150$ kg

„ „ Schaufeln $G_s = 6500$ „

Verzeichnis der einzelnen Teile.

1	Wasserradwelle aus Stahl, 3,570 m lang, 0,280 m dick	1445	kg
2	Rosetten, 8armig, mit schmiedeeis. Nabenringen und 4 Stahlkeile	1639	„
2	Reserveschalen aus Bronze für die Wasserradlager	22	„
2	Wasserradlager mit Bronzeschalen	935	„
2	Untersätze, 6 Ankerschrauben, 38 mm dick, 2100 mm lang, mit 4 Platten, 2 Schutzdeckel	178	„
6	Schließen		
16	Wasserradarme, U-Eisen, 16 Unterlagplatten	1230	„
4	Radsegmente mit je 12 angenieteten Schaufelstielen	2085	„
4	desgleichen	2070	„
450	diverse Nieten, welche am Platze geschlagen werden müssen	113	„
16	Diagonalverbände samt Winkel und Schrauben	96	„
1200	Schrauben zu den Radschaufeln, 13 mm dick	167	„
	Schienen und Federn desgleichen	788	„
	Eckschienen zu den Schaufeln	36	„
2	Fallenführungen, U-Eisen mit 20 Schrauben	325	„
1	Überfallkropfstück	670	„
1	Spuntwand aus Eichenholz mit 3 Federn		
2	U-Eisen darauf zur Versteifung	330	„
8	Schrauben mit Muttern und Unterlagen, 1,220 m lang		
6	Steinschrauben mit Muttern	10	„
	1 Vorfallenzug (Fig. 26, S. 87).		
2	Fallenzugböcke mit Druckrollen und Bolzen		
2	Zahnstangentriebe		
2	schmiedeeiserne Zahnstangen		
1	Fallenzugachse		
1	Schwungrad	487	„
1	Schneckenrad mit Schnecke und 2 Achsen		
2	Bolzen, 4 Stellringe		
1	Kurbel mit Heft		
8	Schrauben zum Vorfallenzug	3	„
2	Fallenanfassungen zur Überfallschütze	62	„
1	Überfallblech	16	„
2	schmiedeeiserne Zahnstangen	76	„
4	Fallenzugböcke mit Steinschrauben	258	„
1	Überfallschütze aus Eichenholz	260	„
1	Schneckenradplatte		
8	Steinschrauben	100	„
4	Mutterschrauben zur Überfallschütze		

1	Fallenzugachse, 65 mm dick	
2	Fallenzugachsen, 50 und 40 mm dick	
1	Schneckenrad mit Schnecke	
1	kon. Getriebe 1 : 1	
1	„ „ 1 : 2	576 kg
2	Böckchen, 1 Wandplatte	
1	Kuppel	
5	Keile und 1 Feder	
2	Zahnstangentriebe	
8	Keile	
1	aufrechte Achse	104 „
1	Achse mit Indikateurschnecke	
1	Böckchen zum Indikateur	
1	Führungslager	
1	Welle mit Schneckenrad und Zeiger	75 „
1	Handrad mit 2 Kurbelheften	
1	schwarzes Rohr, 4 Mutterschrauben	
2	Rosetten	
1	Zifferblatt	25 „
2	Rosetten, 4 Holzschrauben	
1	Stellring, 45 mm Bohrung	
48	Radschaufeln aus Forchenholz, auf beiden Seiten gehobelt, gefedert und aufgeschraubt	

Preis vorstehender Arbeiten einschließlich Aufstellung:
Mk. 6770.

Städtische Wasserversorgung.

Kraftmessung des Wasserrades der Pumpstation Cannstatt (Fig. 22).

Das von der Firma Gebrüder Decker & Co. in Cannstatt (jetzt Filiale der „Maschinenfabrik Esslingen") zum Betrieb der Pumpen im Jahre 1882 gelieferte Wasserrad wurde am 16. Oktober 1886 im Beisein einer gemeinderätlichen Kommission durch Wasserwerksinspektor Wenger, Architekt Käfer und W. Müller gebremst. Prof. K. Teichmann vom Kgl. Polytechnikum in Stuttgart hatte die Leitung der Versuche gütigst übernommen.

Inspektor Wenger registrierte alle 5 Minuten die Zahl der Umgänge der gebremsten Welle und die Gewichte auf der Wage, Architekt Käfer notierte ebenfalls alle 5 Minuten die Ablesungen des Ober- und Unterwasserstandes, sowie je nach 15 Minuten die Wasserhöhe beim Pegel an der Neckarbrücke.

Prof. Teichmann und W. Müller beobachteten mit einem Woltmann'schen Flügel die Wassergeschwindigkeiten im Zulaufkanal während der Bremsung.

Das Profil für die Wassermessung wurde in genügender Entfernung von der Radschütze in dem rechtwinkeligen aus Beton erstellten Zuflußkanal ausgewählt.

Dasselbe hat eine Breite = 2,950 m
die Sohle liegt = 3,400 „ u. d. H.

Höhenstellung der Flügelachse vom Boden der Kanalsohle während

Versuchsreihe	I	0,245 m	und	0,930 m
„	II	0,255 „	„	0,968 „
„	III	0,247 „	„	0,928 „

Die Größenverhältnisse des Wasserrades sind:

Durchmesser	D = 7,000 m
Breite	B = 2,250 „
Zahl der Holzschaufeln	Z = 48
Radiale Tiefe	a = 2,020 „
Umdrehungen i. d. Minute	n = 3

Der Zaum wurde auf der II. Vorgelegwelle angelegt, die Hebelslänge betrug = 3,670 m
Eigengewicht des Hebels samt Stütze und Sattel, nach Vornahme der Versuche ermittelt = 47,7 kg
Das Stirnrad auf der Wasserradwelle hat = 120 E. Z.
das eingreifende Getriebe = 30 E. Z.
das Stirnrad auf der I. Vorgelegwelle = 144 HK.
Trieb dazu = 48 E. Z.
Tourenzahl der II. Vorgelegwelle i. d. Minute n = 36

Vorversuche.

I. Zeiger 45.

	Zeit	P_a	P_n	n	n_m	N
a	11.22	19	14,23	42,5		
				43,6		
				44	43,3	31,6
b	11.26	20	15,23	41,2		
				40,5		
				41	40,8	31,8
c	11.30	21	16,23	20,31		
				31,2		
				31,8	38,3	31,9
d	11.35	22	17,23	20 : 33,6		
				34		
				33,8	35,5	31,3
e	11.40	23	18,23	20 : 35,4		
				35		
				35,4	34,0	31,8
					Mittel	31,7 Pferdekräfte

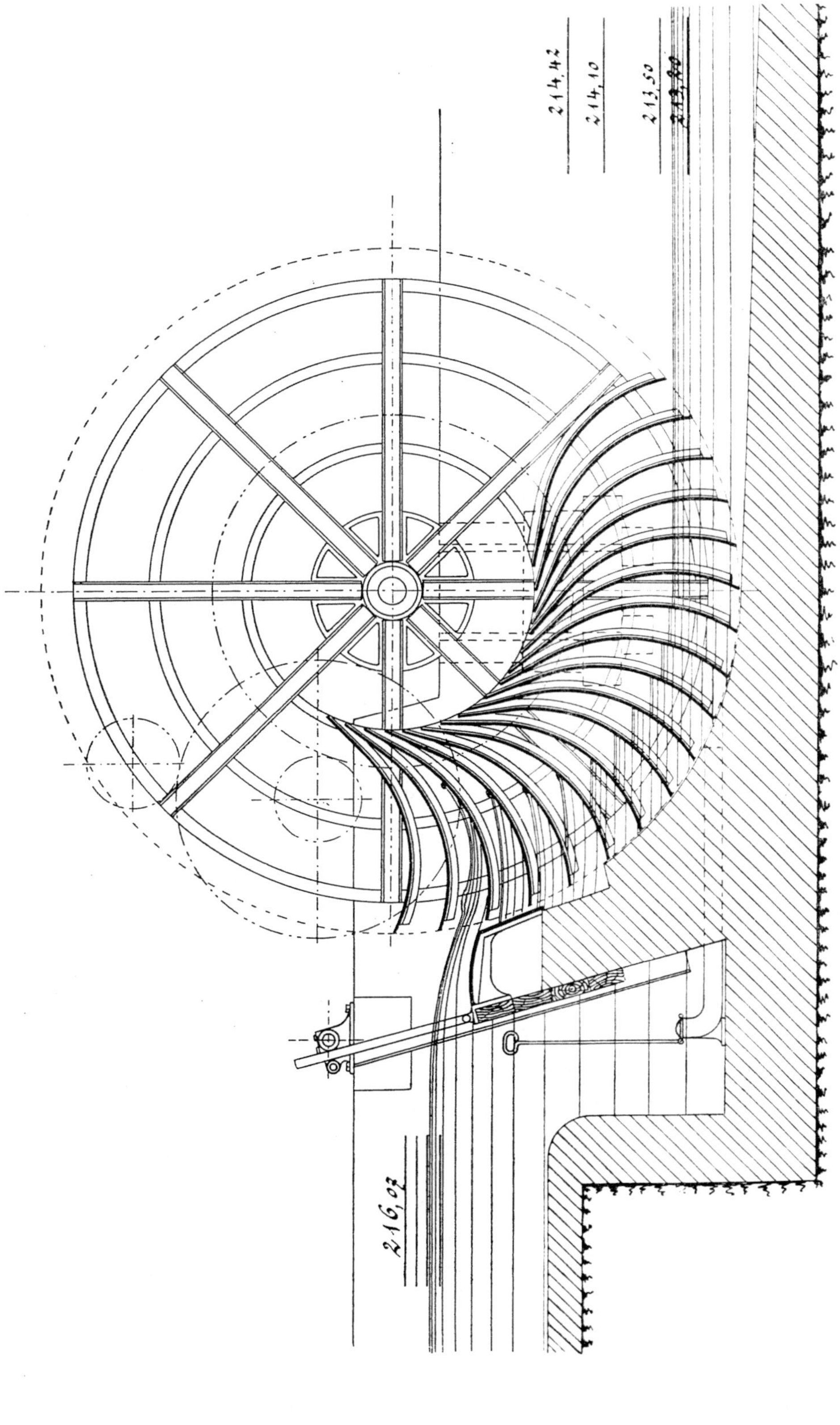

Fig. 22. Wasserrad der Pumpstation Cannstatt.

II. Zeiger 30.

	Zeit	P_a	P_n	n	n_m	N
a	11.48	23	18,23	20 : 26,6		
				25 : 33,6		
				20 : 36,8	44,8	41,9
b		25	20,23	20 : 28,9		
				29,4		
				28,8	41,3	42,8
c	11.35	27	22,23	20 : 32,2		
				32		
				32	37,4	42,6
d	11.56	28	23,23	20 : 33,2		
				33		
				33	36,3	43,2
e	12.—	30	25,23	20 : 38,2		
				37,4	33,2	41,6
					Mittel	42,4 Pferdekräfte

Mit Weglassung der ersten und letzten Beobachtung 42,9 „

III. Zeiger 20.

	Zeit	P_a	P_n	n	n_m	N
a	3.40	27	22,23	20 : 27,6		
				27,2		
				27,2	43,9	50,0
b	3.42	30	25,23	20 : 30		
				30,6		
				30,8	39,4	50,9
c	3.45	32	27,25	20 : 32,8		
				33		
				33	36,4	50,8
d	3.48	34	.29,23	20 : 35,4		
				35		
				35,2	34,1	51,1
					Mittel	50,7 Pferdekräfte

Mit Weglassung der ersten Messung 50,9 „

Eine Änderung des Effekts mit Abweichung von der normalen Geschwindigkeit ist kaum bemerkbar, nur bei den Beobachtungen II a, II e und III a mag diese Abweichung den Effekt ungünstig beeinflußt haben, so daß die Ziffern: 42,9 50,9
richtiger sein mögen als 42,4 50,7

Es war also:

bei der Zeigerstellung	20	der Effekt	50,9	Pferdekräfte
	30	„	42,9	„
	45	„	31,7	„

auf der zweiten Vorgelegwelle.

I. Versuchsreihe. Zeiger 30.

Kraftmessung.

Hebelbelastung: brutto 26 kg, netto 21,23 kg

Umdrehungen der Bremswelle				
vor der Wassermessung	200	35,7		
Mitte „	230	38,2		
nach der „	250	39,8		
Mittel		38,05	nach WENGER	37,77 HP.
Effekt $N = 0{,}05125\ P_n =$		41,4	„ „	41,10 HP.

		Gefälle		O. W.	U. W.	Gefälle
Pegel	2.05	2,620	2h.00	2.237	4,740	
	2.20	2,625	2.10	2,237	4,730	
	2.35	2,640	2.15	2,235	3,737	
	2.50	2,645	2.25	2,220	4,735	
	Mittel	2,632	2.30	2,220	4,735	
			2.40	2,210	4,735	
			2.45	2,210	4,720	2,508 m

Wassermessung.

O. W. Abl.	Zeit	Punkt	Ablesung vor	Ablesung nach	Umgänge i. d. Min.	Mittel
2,240 m	2.0	A	0,64	228	164	
	2.6			382	164	164
	2.11	B		541	159	
				700	159	159
	2.15	C		850	150	
				992	152	146
	2.20	D	140	313	173	
			497	667	170	
2,220 m			667	842	175	172,5
	2.30					
	2.34	A	842	007	165	
			007	180	173	169
	2.38	B	180	352	172	
				527	175	173,5
	2.42	C		697	170	
				869	172	171
	2.45	D		037	168	
				206	169	168,5
2,205 m	2.47					
2,221			Mittel			165,5

Mittlere Flügelgeschwindigkeit i. d. Minute: 165,5

„ Wassergeschwindigkeit i. d. Sek.:

$$v = 0{,}018 + 0{,}229\ \frac{165.5}{60} = 0{,}650$$

			nach KÄFER
Wassertiefe	3,40 — 2,221 = 1,179	m	3,4 — 2,224 = 1,176
Breite des Meßprofils	2,59	„	
Profilfläche (Wasserquerschnitt)	3,0549	qm	3,046
Wassermenge	1,985	cbm	1,980

nach KÄFER

Bruttoeffekt $1{,}985 \cdot 2{,}508 \frac{1000}{75} = 66{,}37$ HP. 66,21

Wirkungsgrad $\frac{41{,}4}{66{,}37} = 0{,}624 = 62{,}4\,\%$ 61,1 %

II. Versuchsreihe. Zeiger 45.

Kraftmessung.

Hebelbelastung Brutto 22 kg, netto 17,23 kg.

Umdrehungen der Bremswelle			
vor der Wassermessung	2h.57	35,4	
Mitte	„	35,4	
nach der	„	35,6	nach WENGER
Durchschnitt		35,43	35,8
Effekt $N = 0{,}05125\ P_n = 31{,}3$ Pferde			31,6

Gefälle.

Pegel	2.50	2,645
	3.05	2,650
	3.20	2,650
	3.35	2,650
	Mittel	2,649

Zeit	O. W.	U. W.	Gefälle
2.55	2,175	4,735	
3.00	2,180	4,745	
3.10	2,172	4,750	
3.15	2,174	4,758	
3.25	2,178	4,750	
3.30	2,180	4,750	
	2,1765	4,748	2,572

Wassermessung.

Zeit	Punkt	Ablesung vor	Ablesung nach	n	Mittel	O. W.
2h.57						2,180
3.02	A_0	206	321	115		
3.06	B_0		433	112	113,5	
			540	107		
			645	105	106	
3.09	C		766	121		
			888	122	121,5	
3.12	D		002	114		
			114	112	112	

Zeit	Punkt	Ablesung vor	Ablesung nach	n	Mittel	O. W.
3h.16						2,175
3.20	A		114	233	119	
			352	119		
3.23	B_0		469	117		
			588	119	118	
3.26	C_0		709	121		
			829	120	120,5	
3.29	D_0		939	110		
			012	113	111,5	
3.23						2,180
				Mittel	115,25	2,177

		nach KÄFER
Mittlere Wassergeschwindigkeit v	$= 0{,}018 + 0{,}229$ n	
	$= 0{,}478$ m	
Mittlere Wassertiefe $3{,}4 - 3{,}177$	$= 1{,}223$	1,2235
Wasserquerschnitt	$= 3{,}168$ qm	3,169 qm
Wassermenge	$= 1{,}450$ cbm	1,451 cbm
Bruttoeffekt $\frac{1450 \,.\, 2{,}572}{75}$	$= 49{,}73$	49,73
Wirkungsgrad $\frac{31{,}3}{49{,}73}$	$= 0{,}629$	
	$= 62{,}9\,^0/_0$	$63{,}5\,^0/_0$

III. Versuchsreihe. Zeiger 20.

Kraftmessung.

Belastung. Brutto 32, netto 27,23

Umdrehungen der Bremsscheibe

		nach WENGER
vor der Wassermessung	36,4	
während „	36,1	
nach der „	35,6	
Mittel	36,10	36,05

Effekt $0{,}05125\ P_n = 50{,}4$ Pferde 50,3 HP.

Wassermessung.

Zeit	Punkt	Flügelrad vor	Flügelrad nach	n		O. W.
3h.55						2,33
3.57	A	0,52	251	199		
			450	199	199	
4.00	B		651	201		
			846	195	198	
4.03	C		0,46	200		
			248	202	201	
4.06	D		450	202		
			651	201	201,5	

Zeit	Punkt	Flügelrad vor	Flügelrad nach	n		O. W.
4h.11						2,225
4.15	A	651	865	214		
			180	215	214,5	
4.17[5]	B		290	211		
			503	212	211,5	
4.20	C		709	206		
			914	205	205,5	
4.23	D		121	207		
			326	205	206,5	
4.30						2,228
				Mittel	204,6	2,216

Mittlere Wassergeschwindigkeit

$$v = 0{,}018 + 0{,}229 \frac{204{,}6}{60} = 0{,}7989$$

		nach Käfer
Wassertiefe 3,40 — 2,226	= 1,174	1,174
Wasserquerschnitt	= 3,040 qm	3,040
Wassermenge	= 2,429 cbm	2,429

Gefälle.

Pegel	3.50	2,645
	4.05	2,645
	4.20	2,645
	4.35	2,645
	Mittel	2,645

Zeit	O. W.	U. W.	Gefälle
3h.55	2,225	4,715	
4.00	2,225	4,715	
4.10	2,228	4,710	
4.15	2,224	4,710	
4.25	2,228	4,715	
4.30	2,228	4,710	
	2,226	4,712	2,486

nach Käfer

Bruttoeffekt $\frac{2429 \,.\, 2486}{75} = 80{,}5$ 80,5

Wirkungsgrad $\frac{50{,}4}{80{,}5} = 0{,}626 = 62{,}6\,\%$ 62,5 %

Der durchschnittlich um etwa 10 % zu geringe Wirkungsgrad erklärt sich großenteils aus dem Gefällsverlust, welcher durch die unzweckmäßige Schütze entsteht. Das Wasser tritt mit bedeutender Geschwindigkeit ein, gelangt infolge zu starkgekrümmter Schaufeln weit in das Innere das Rades, schwankt hin und her und kommt sehr spät zur Ruhe; die Wirkung des Wassers ist daher auf einem beträchtlichen Teil seines Weges eine unvollkommene.

Da zwischen Aufstellung und Prüfung des Rades ein Zeitraum von drei Jahren liegt, so mag der durch größere Spielräume der Schaufeln im Kropf verursachte Effektverlust ebenfalls einige Prozent mehr betragen als gewöhnlich.

Schließlich sei bemerkt, daß die Zeigerstellung 30 am Zifferblatt in der Pumpstation etwa dem mittleren, Zeiger 45 dem kleineren Wasserstand und Zeiger 20 der Maximalleistung des Rades entspricht.

Viertes Beispiel.

Wasserradanlage Heilbronn (Tafel XX bis XXIII u. Fig. 23 bis 26).

Die Wassergasse der Brückenmühle in Heilbronn wurde früher durch eine größere Zahl unterschlächtiger Stoßräder ausgenützt, welche hintereinander, zumteil auch nebeneinander lagen und nach einer Schätzung einen Effekt von 45 % der Bruttowasserkraft, nämlich zusammen 92 Pferdestärken ergeben haben sollen, bei einem Wasserstand, der als Mittelwasser zu hoch angenommen ist.

Die lichte Einlauföffnung dieser Wassergasse beträgt 4,64 m, die einlaufende Wassermenge ist abhängig vom Wasserstand des Neckars und stellt sich nach Messungen und Berechnungen von Prof. K. Teichmann, dessen Darstellung in der Zeitschrift des Vereins deutscher Ing. Bd. XXXI u. XXXII wir teilweise hier folgen, mäßig veranschlagt:

bei Minimalwasserstand von 0,85 m über der Schwelle	4,84 cbm i. d. Sek.
bei mittleren Wasserständen von 1,05 m über der Schwelle	6,64 „ „ „
bis 1,35 m über der Schwelle	9,68 „ „ „

Da während eines großen Teils des Jahres noch höhere Wasserstände vorkommen als obige, so sind die Motoren für einen normalen Wasserverbrauch von 6 bis 10 cbm i. d. Sek. konstruiert, der auf 12 cbm gesteigert werden kann, und müssen auch kleinere Wassermengen noch gut ausgenützt werden.

Das Gefälle beträgt je nach dem Wasserstand:

2,10 bis 2,20 m

Zur Ausnützung der Wasserkraft sind mit Rücksicht auf die Eigentumsverhältnisse fünf Wasserräder mit je 7 m Durchmesser in einem Gebäude nebeneinander aufgestellt. (Vergl. Titelbild.) Sowohl etwas beschränkte Lokalverhältnisse, als auch Rücksicht auf einen günstigen Effekt und Anpassen an wechselnde Wasserstände führten auf die Wahl eines großen Durchmessers bei mäßiger Breite. Die Gesamtbreite der Räder ist 10 m und beträgt die verfügbare Wassermenge für den Meter Radbreite 0,60 bis 0,80 cbm i. d. Sek. Bei hohen Wasserständen steigert sich der Zufluß entsprechend auf 1 bis 1,2 cbm, welche bei etwas vermehrter Geschwindigkeit noch verarbeitet werden sollen. Zahl der Radumgänge 3,4 i. d. Minute. Der Effekt der Anlage ist bei kleinstem Wasserstand zu 92 Pferdekräften, bei gewöhnlichen Wasserständen zu

132 bis 192 Pferdekräften

veranschlagt. Bei höheren Wasserständen kann die Konsumtion der Räder bis zu 1,2 cbm Wasser gesteigert werden, doch wird dann die prozentuale Aus-

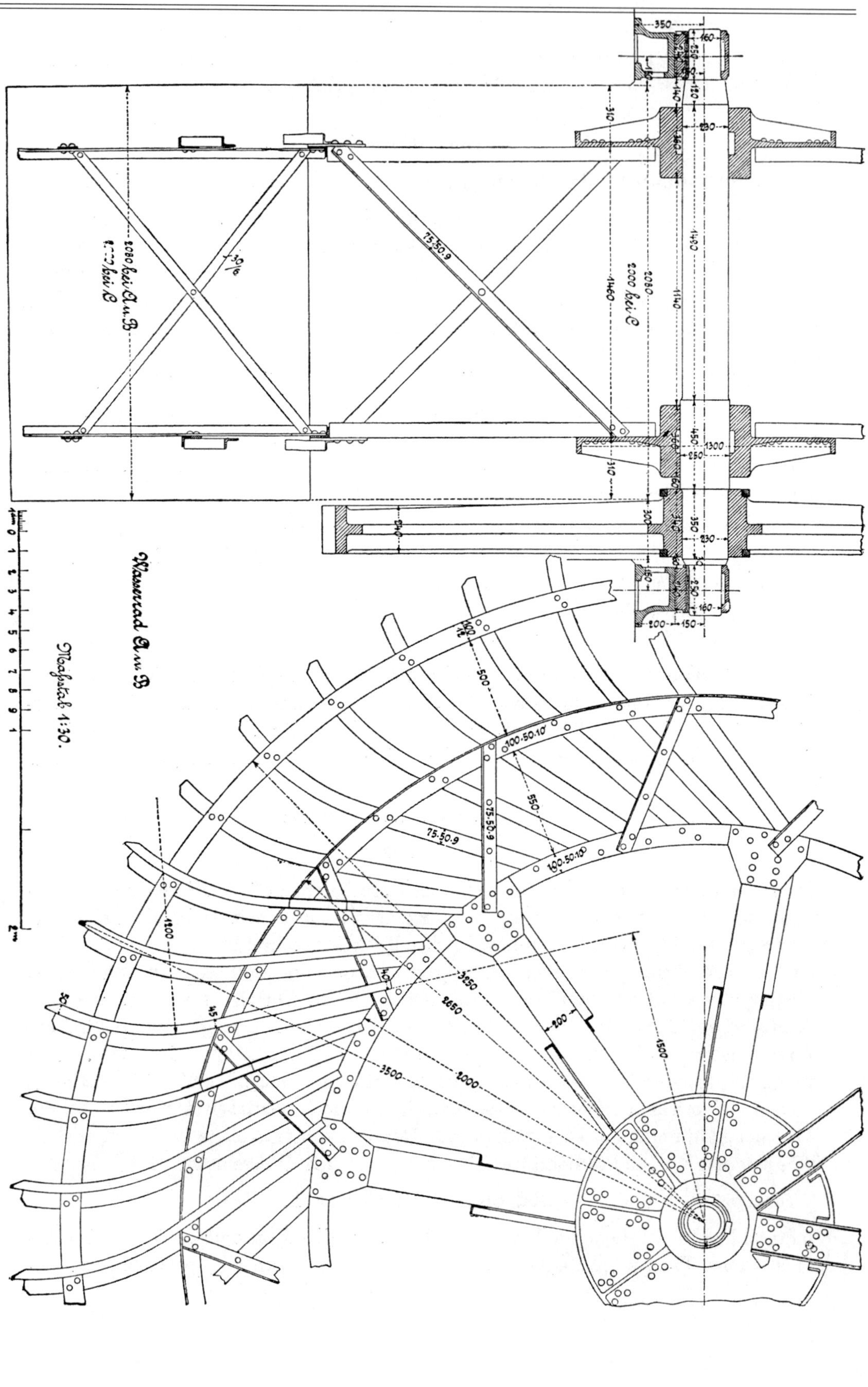

Fig. 28. Querschnitt und Ansicht der Wasserräder A und B.

beute und bei weiterem Steigen auch das Gefälle abnehmen, so daß der Effekt von

200 Pferdekräften

nicht wesentlich überschritten wird.

Man kann demnach für Betriebe, welche veränderliche Kräfte ausnützen können, d. h. ihre Produktion nach der vorhandenen Betriebskraft steigern, auf durchschnittlich

160 Pferdekräfte,

für Betriebe, welche eine konstante Kraft brauchen, auf

130 bis 140 Pferdekräfte

rechnen.

Die Kraft des äußeren Rades rechts (das Auge stromaufwärts gerichtet) mit 1,34 m Schaufelbreite wird unmittelbar in das nebenliegende Fabrikgebäude übergeführt; die übrigen mit 2,50 bezw. 2 und 2×2,08 m Breite treiben zunächst je eine, in angemessener Höhe über dem Boden der Radstube liegende Vorgelegwelle und von dieser mittels Drahtseilen, welche der alten Wassergasse entlang laufen, die einzelnen Werke. Dabei ist berücksichtigt, daß die drei Vorgelege, welche die vereinigte Kraft der beiden Räder links und diejenige der beiden mittleren aufnehmen, in einer Linie liegen und ist eine Verbindung derselben durch Kupplungen zum Zweck gegenseitiger Aushilfe in Notfällen vorgesehen.

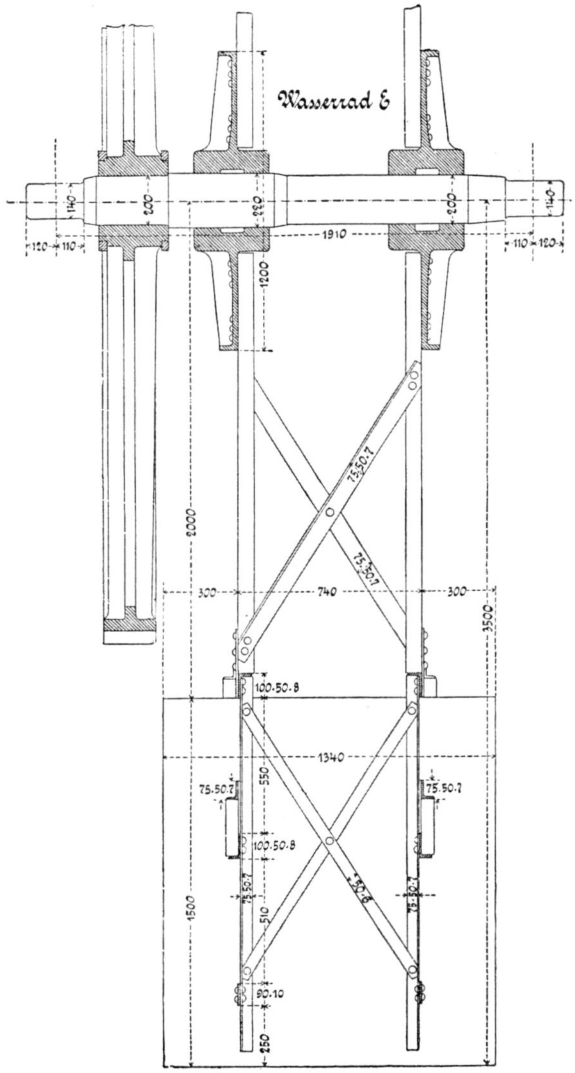

Fig. 24. Querschnitt des Wasserrades E.

Die Überfallschützen (Tafel XXIII) aller fünf Räder liegen in gleicher Höhe und stehen in Verbindung mit einer gemeinschaftlichen Windevorrichtung, welche alle Schützen gleichzeitig und gleichviel hebt und senkt. Es bietet also die Verteilung der Kraft keine Schwierigkeit, solange an der gemeinschaftlichen Windevorrichtung nichts geändert wird.

In Hinsicht auf die Besitzverhältnisse mußte die Kraft nach Maßgabe der Anteile auf fünf Motoren verteilt werden. (Tafel XXI.) Wo solche Rücksichten nicht zur Geltung kommen, läßt sich die Gesamtleistung auch mit drei Wasserrädern erzielen, wodurch die Baukosten wesentlich vermindert und insbesondere auch die Triebwerksanlage erheblich vereinfacht wäre.

Von der auf Tafel XXII dargestellten Anordnung der Transmission wurde bei der Ausführung insofern abgewichen, als die Kraft der Räder A

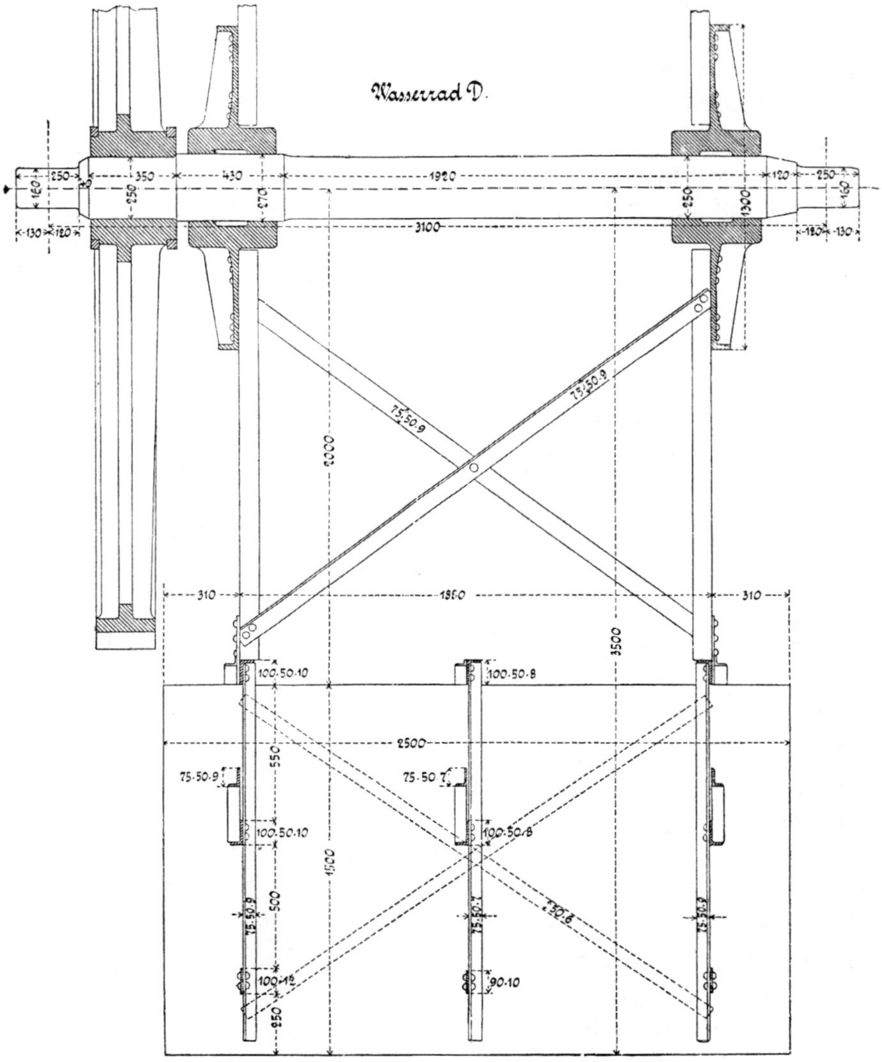

Fig. 25. Querschnitt des Wasserrades D.

und B, ursprünglich für die wiederaufzubauende Kunstmühle neben der Wassergasse bestimmt, nachträglich, da dieser Neubau unterblieb, an die benachbarte, jenseits des Neckars liegende Rauch'sche Papierfabrik verpachtet wurde, wodurch noch ein weiteres konisches Räderpaar, eine schief zum Hauptstrange liegende Welle und zwei weitere Böcke nötig wurden. An Symmetrie hat die Anlage dadurch verloren. Auf Tafel XXI ist der ursprüngliche Entwurf dargestellt.

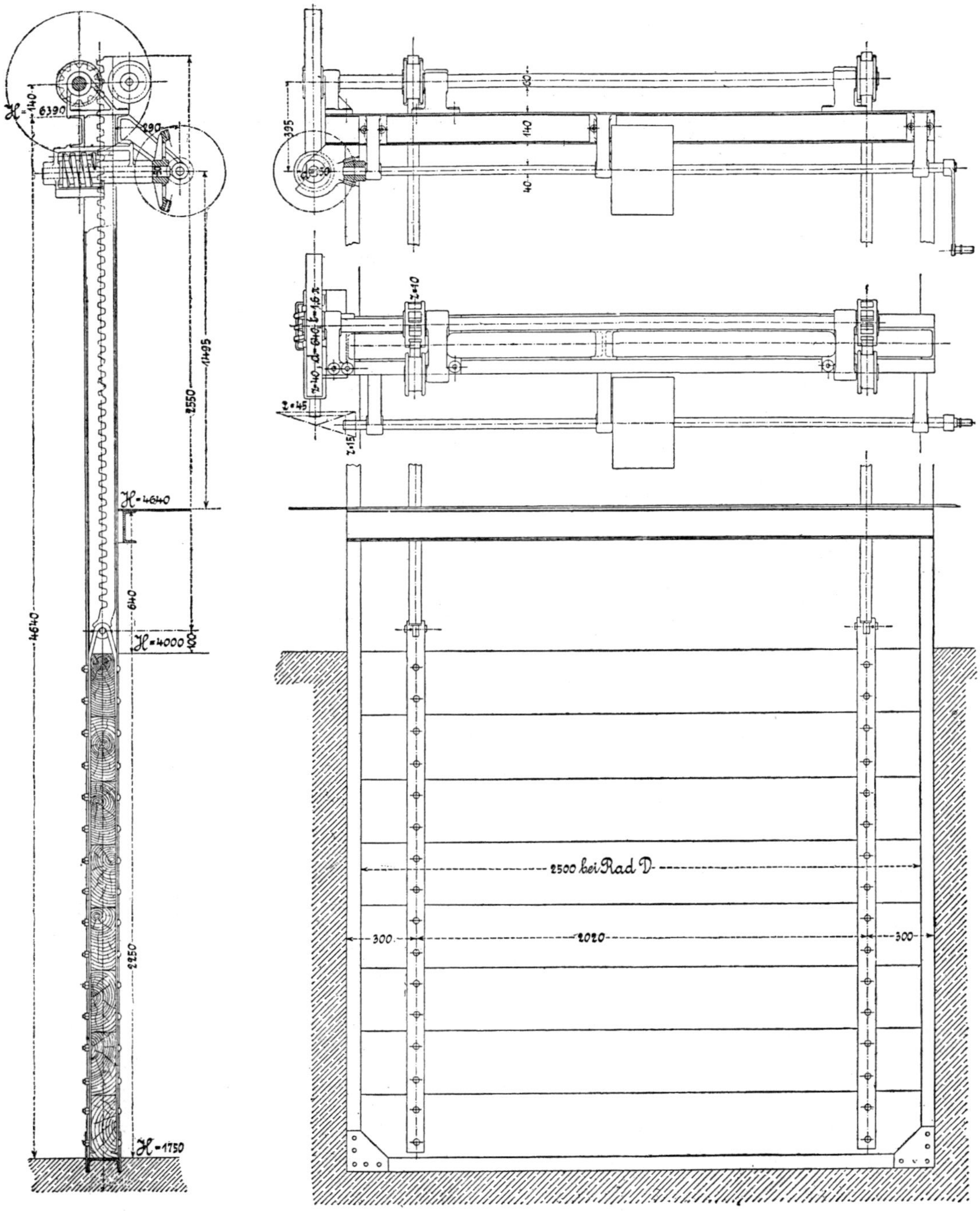

Fig. 26. Vorfalle.

Wasserräder A und B

mit Kraftübertragung in die Papierfabrik (Fig. 23, S. 84).

70 bis 80 Pferdekräfte.

Die Kraft der Räder A und B wird in die ca. 90 bis 100 m jenseits des Neckars liegende RAUCH'sche Papierfabrik durch ein Drahtseil übertragen.

Die Räderübersetzung ist eine

$$\frac{112 \,.\, 112 \,.\, 108}{32 \,.\, 32 \,.\, 36} = 36{,}75 \text{ fache}$$

Durch die schief zum Hauptstrang liegende Welle, welche die Seilscheibe trägt, wurde noch ein weiteres, schief-konisches Räderpaar nötig.

		Rad	Trieb
Dimensionen:	Durchmesser	1,320 m	1,326 m
	Breite	185 mm	195 mm
	Zähnezahl	60 HK.	60 EZ.
	Teilung	69,12 mm	69,4 mm
	Gewicht	561 kg	502 kg
Durchmesser der Seilrolle		$D = 3{,}300$ m	
Dicke des Seils		$d = 18$ mm	
Länge „ „		$L = 205$ m	
Gewicht des Seils		266 kg	
Umdrehungszahl		$n = 125$	

Die Kraftübertragung in der Fabrik durch Hanfseilscheiben zeigt folgende Verhältnisse (Tafel XX):

Durchmesser der I. Hanfseilrolle	$D_1 = 1{,}800$ m
„ „ II. „	$D_2 = 1{,}450$ „
„ „ III. „	$D_3 = 1{,}800$ „
„ „ IV. „	$D_4 = 1{,}450$ „
je 5 Rillen für 50 mm Seildicke	
Umdrehungszahl der Transmission i. d. Minute	$n = 180 - 190$

Verzeichnis der einzelnen Teile.

Die Stärkeverhältnisse der beiden Wasserradkörper A und B sind mit denjenigen des Rades C übereinstimmend, weshalb von Aufstellung einzelner Gewichte derselben hier abgesehen werden kann. Aus den Versandtlisten mögen noch folgende Maschinenteile aufgeführt werden:

2	Schutzwände aus 7 mm Blech mit 10 Steinschrauben	1166 kg
1	Doppellagersockel mit 2 Vorgeleglager	1027 „
1	Hohlgußsockel mit Flansche zu Rad A mit 1 Wasserradlager	370 „
14	Schlautern mit Muttern, Unterlagsscheiben und Keile	396 „
1	Hohlgußsockel mit 1 Wasserradlager zu Rad A	325 „
2	„ „ 2 „ „ „ B	686 „
1	desgleichen mit Flansche, 1 Vorgeleglager zu Rad A	373 „
2	Hohlgußtraversen mit je 8 Schrauben zu Rad A und B	582 „
24	Ankerplatten	572 „
4	Wasserradlagerschalen, Bronze	49 „
6	Vorgeleglagerschalen „	112 „
1	Stirntrieb 32 E. Z. zu B, 2 Keile	722 „
1	Vorgelegwelle, 2 Bund 190 mm Dtr.	395 „

1	zweiteiliges Stirnrad 112 E. Z. mit 2 Keilen, Schrauben und Nabenringen	4434 kg
1	Stirnrad 112 E. Z.	1272 „
1	„ 112 E. Z. 190 mm Bohrg., 2 Keile	1291 „
1	Vorgelegwelle A	876 „
1	Stirntrieb 32 E. Z., 2 Keile	730 „
20	Bronzeschalen, 170, 160, 140, 120 mm Bohrg.	145 „
4	Vorgeleglager, 170 mm Bohrg.	380 „
1	einseitiges Bodenlager, 160 mm Bohrg.	80 „
3	schräge Vorgeleglager, 160 „ „	318 „
2	schiefe „ 120 „ „	290 „
10	Staubdeckel auf die Lager	17 „
1	Vorgelegwelle, 2285 mm lang, 170 mm dick	388 „
2	Stirntriebe à 32 E. Z. Keil, 68 mm Tlg.	468 „
1	Stirnrad, 108 Doppelkammen	1785 „
2	Nabenringe zu Stirnrad A	31 „
2	Metallschalen	14 „
1	zweiteilige Drahtseilscheibe $D = 3{,}30$ m mit 8 Schrauben, 2 Keile, 2 Nabenringe	1764 „
1	konisches Rad 60 H. K. mit Keil	561 „
1	Stirntrieb 36 E. Z. mit Keil	443 „
1	obere Transmission, 3450 mm lang, 120 und 145 mm dick mit Wellkopf	335 „
1	obere Transmission, 3140 mm lang, 130 und 150 mm dick	361 „
1	Flanschenkuppel mit Schrauben und Keil	244 „
1	zweiteiliges Stirnrad 112 E. Z., 14 Schrauben, 4 Bolzen, 2 Nabenringe, 2 Keile	4394 „
1	konisches Rad 60 E. Z.	502 „
96	Stück Wasserradschaufeln, je 2,08 m lang, 1,80 m breit, zusammen 359,424 qm.	

Transmissionsgerüste für Räder A und B (Tafel XXII).

1	oberer Langbalken mit 16 Stehbolzen $9^1/_2$''' (engl.)	585 kg
1	oberer Querbalken mit 8 Stehbolzen	569 „
1	aufrechte Säule	733 „
1	aufrechter Balken mit 4 Stehbolzen	577 „
1	Gestell-Oberteil mit Angüssen	1355 „
1	Querbalken, Traverse zur Aufnahme der Bodenlager der schrägen Transmission	350 „
1	Gestell-Oberteil mit 4 Stehbolzen	1100 „
1	„ „ 2 „	1305 „
1	Gestell-Unterteil mit Arm	1890 „
1	„ „ Flansche	2005 „
1	„ „ Lagerarm	2045 „
1	Hohlgußkreuz mit Lagerarm	1410 „
12	Schlautern, 1 Steinschraube	343 „

4	Ankerplatten (einseitig)	80 kg
8	Stahlstifte, 13 Stehbolzen, 4 Mutterschrauben	21 „
1	Hohlgußarm mit schrägen Flanschen	346 „

Transmissionsgerüste für die Räder C und D (Fig. 24 u. 25).

2	Unterteile mit Verbindungsanschluß (Hohlgußform)	3450 kg
2	desgleichen ohne „	2980 „
2	Oberteile mit „	2225 „
2	desgleichen ohne „	2090 „
2	kleine Verbindungskreuze	847 „
1	großes Verbindungskreuz	1265 „
1	oberer Anschlußbalken	767 „
1	aufrechter Balken	581 „
30	Schrauben, 10 Bolzen zu den 3 Kreuzen	38 „
2	Verbindungsschrauben zum Transmissionsgerüste	28 „
	Gußeisen	14271 kg
1	schmiedeeiserner Strebepfeiler mit Bodenplatte am Rad C	634 „
1	desgleichen am Rad D	756 „
4	Schlautern zum Transmissionsgerüste	} 600 „
16	„ „ „ (Anker)	
	Schmiedeeisen	1990 kg

Wasserrad C

für den Betrieb der städtischen Mühle (Fig. 24, S. 85).

Wassermenge i. d. Sekunde	$Q = 1{,}45$ bis 1,8 cbm
Gefälle	$H = 2{,}200$ m
Raddurchmesser	$D = 7{,}000$ „
Schaufelbreite	$B = 2{,}000$ „
Schaufelzahl	$Z = 48$
Radiale Tiefe	$a = 1{,}550$ „
Schaufelteilung	$t = 0{,}458$
Armzahl	$A = 8$
Umdrehungen i. d. Minute	$n = 3{,}4$
Umfangsgeschwindigkeit	$v = 1{,}246$ m
Geschwindigkeit im Schwerpunkt der Wasserfüllung	$v_1 = 1{,}157$ „
Füllungsgrad	$\varepsilon = 0{,}5$
Nutzleistung in Pferdekräften	$N_n = 32$ bis 40 HP.
Tauchung des Rades bei Niederwasser	$h_t = 0{,}480$ m
„ „ „ „ Mittelwasser	$= 0{,}550$ bis $0{,}650$ m
„ „ „ beim höchsten Wasserstand, bei welchem das Rad noch gangfähig ist	$h_{max.} = 1{,}5$ m
Gewicht der Wasserfüllung	$G_w = 4720$ kg
„ „ Schaufeln	$G_s = 5000$ „

Garantierter Wirkungsgrad auf der zweiten Vorgelegwelle gemessen = 72 %.

Verzeichnis der einzelnen Teile.

1	Wasserradwelle aus Stahl, 3,15 m lang, 265/235 mm dick	1045 kg
1	achtarmige Rosette mit 2 schmiedeeisernen Nabenringen, 2 Stahlkeile, 16 Keile für die Arme mit Splinten	843 „
1	desgleichen	799 „
2	Wasserradlager mit Untersätzen, Bronzeschalen, Schutzdeckel	684 „
6	Ankerbolzen mit Platten und Muttern	137 „
8	Radsegmente mit	
96	angenieteten Schaufelstielen 75×55×9	2546 „
4	∟ Ringe, 2 Flachringe —	
16	Arme, U-Eisen, 200 breit mit 16 angenieteten Knotenblechen	911 „
32	Streben ∟ 75×55×9, à 0,930 m lang	236 „
16	Armstreben, 8 Schrauben mit 8 Rohrstücken, 200 mm lang	258 „
96	Schaufelschienen — 50×5	308 „
1152	Schaufelschrauben, 13 mm dick	162 „
650	Nieten, welche am Platze geschlagen werden müssen	147 „
48	Wasserradschaufeln aus Forchenholz, auf beiden Seiten gehobelt, gefedert und aufgeschraubt, 174,24 qm	
1	Stirnrad auf der Wasserradwelle, $D = 3{,}808$ m, $B = 250$ mm, Teilung = 106,8 mm, zweiteilig mit Schrauben und Splinten	4100 „

Dimensionen:

Äußerer Ring	—	100×14	$D = 6450$ mm
mittlerer „	∟	100×50×10	$D = 5180$ „
innerer „	⌉	100×80×10	$D = 3800$ „

Nietstärken:

Rosetten	96	Stück	85×22
	96	„	80×22
Armplatten, Stielstreben, Laschen	16	„	75×18
	122	„	60×18
Ringe, Platten	16	„	50×18
Stiele, Streben	80	„	45×18
	32	„	50×16
Ringe	144	„	42×16
Winkel	32	„	50×18
	640	Stück ohne Nieten der Kreuzstreben.	

Kraftmessung des der Stadtgemeinde gehörigen Wasserrades C.

Das Rad hat 7 m Durchmesser, 2 m Breite und wurde von der Maschinenfabrik M. Müller in Cannstatt nach den Plänen von Professor K. Teichmann in Stuttgart ausgeführt. Es ist seit 1. Mai 1886 im Betrieb und wurde am 10. Juli zum Zweck der Kraftmessung gebremst. Die Messungen geschahen durch W. Müller und Prof. K. Teichmann unter Assistenz von Bauführer Zobel und drei Polytechnikern. Das Bremsdynamometer war auf der zweiten Vorgelegwelle angebracht, welche mit dem Wasserrad durch zwei Stirnräderpaare mit $\frac{112}{32} \times \frac{112}{32}$-facher Übersetzung ins Schnelle verbunden ist, so daß bei normaler Geschwindigkeit des Wasserrades von 3,26 bis 3,4 Umgänge das Vorgelege 40 bis 42 Umgänge i. d. Minute macht. Die Bremsscheibe hat 800 mm Durchmesser, 215 mm Breite, der mit zwei Holzbacken versehene Hebel 3,7 m wirksame Länge; letzterer drückte mittels Holzstütze auf eine Dezimalwage, zur Ausgleichung seines Gewichtes waren 7,65 kg Tara notwendig. Darnach bestimmt sich der von der gebremsten Welle abgegebene Effekt

$$N = 10 \frac{2\pi}{60 \,.\, 75} P L n$$

$$= 0{,}05166\ P n \text{ Pferdestärken,}$$

wobei P kg das außer der Tara aufgelegte Gewicht,
L m die Länge des Bremshebels,
n die Umdrehungszahl der Welle i. d. Minute bedeutet.

I.

Vorversuch ohne Wassermessung,

von 11 h. 17 bis 11 h. 38,

zur Ermittlung der günstigsten Geschwindigkeit.

Höhe des Überfallschützen 560 mm am Zeiger.

Es sind die als normal angenommenen Geschwindigkeiten zugleich diejenigen des günstigsten Effekts.

II.

Bremsung mit vorläufiger Wassermessung.

11 h. 57 bis 12 h. 10.

Schützenstellung wie bei I.

Hebelbelastung konstant 21 kg.

20 Umgänge in 28, 27, 29, 29, 27, 28 Sekunden, durchschnittlich in 28 Sekunden,
Umgänge i. d. Minute 42,86
Nutzeffekt 46,50 Pferde

Die Wasserstände waren:

Zeit	Vor dem Rechen am Pegel über Null	Oberwasser im Messprofil unter der 4,246 m hohen Marke	Unterwasser unter der 3,997 m hohen Marke
11 h. 52	3,94	0,360	2,338
11 h. 57	3,97	0,330	2,342
12 h. 02	3,98	0,318	2,355
12 h. 07	3,98	0,334	2,350
12 h. 12	—	0,323	—
Mittel	3,968	0,333	2,346 m
Absolute Höhe	3,968	3,913	1,651 „

Nutzgefälle 3,913 — 1,651 = 2,262 m.

Vorläufige Wassermessung.

An der einzigen zugänglichen Stelle der Wassergasse, 50 cm hinter der Falle, wurde ein Profil aufgenommen (Fig. 27). Dasselbe hat $\frac{2{,}005 + 1{,}995}{2} = 2$ m

Breite, seine Sohlenhöhe ist $\frac{1,740 + 1,750}{2} = 1,745$ m über Null. Da der mittlere Wasserstand am Messprofil 3,913 m, so beträgt die Wassertiefe 2,168 m und der Wasserquerschnitt 4,336 qm. In dem Querprofil wurden vier Punkte so bestimmt, daß der Durchschnitt aus den Geschwindigkeiten dieser vier Punkte der mittleren Wassergeschwindigkeit möglichst nahe kommt.

Die Geschwindigkeiten in diesen Punkten wurden mittels WOLTMANN'schen Flügels gemessen, dessen Konstanten sind:

$$V = 0,026 + 0,2374\, n \text{ Meter i. d. Sek.}$$

Es ergab sich:

Zeit	Punkt	N Umgänge	in t Sekunden	$n = \frac{N}{t}$
11h.57	A_u	100	77,5	
		200	175	1,143
12h.02	B_u	200	100	
		300	156,4	1,918
12h.07	A_o	100	51	
		200	102	1,961
12h.10	B_o	100	49	
		200	99	2,020

Mittlere Umdrehungszahl des Flügels i. d. Sekunde:

$$n = \frac{7,042}{4} = 1,760$$

Mittlere Wassergeschwindigkeit $= 0,4442 \frac{\text{m}}{\text{Sek.}}$

Wassermenge i. d. Sek. $= 1,925$ cbm

Bruttowasserkraft $\frac{1000}{75} . 2,262 . 1,925 = 58,06$ Pferdekr., wovon nach obigem nutzbar gemacht wurden 46,5 Pferdekräfte.

Der Wirkungsgrad des Rades ist also annähernd 0,801 oder 80 %.

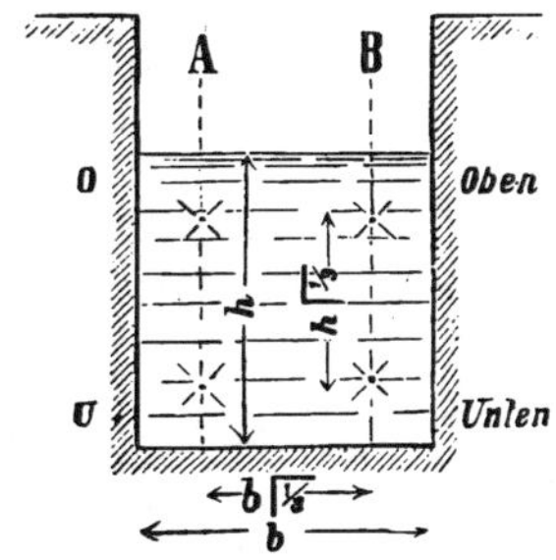

Fig. 27. Querprofil.

III.

Bremsung mit Wassermessung.

Nachmittags wurde bei derselben Stellung des Überfallschützen, 560 mm am Zeiger, die Bremse konstant mit 20 kg belastet und während der Kraftmessung, 2 h. 58 bis 3 h. 47 auch die Wassermenge bestimmt. Die Bremswelle machte dabei im Mittel 319 Umgänge in 485,7 Sekunden, also i. d. Minute

$$n = 39,4 \text{ Umgänge,}$$

so daß die Nutzleistung betrug:

$$0,05166 \times 20 \times 39,41 = 40,72 \text{ Pferdestärken.}$$

Der Wasserstand war über Mittag stark gestiegen und konnte infolgedessen das Obergefälle nicht ganz ausgenützt werden, während der Unterwasserspiegel erheblich höher stand als vormittags.

Der Wasserstand betrug im Neckar vor dem nur teilweise geöffneten Haupteinlauf ca. 4,15 m, bei dem Motorenhaus:

Zeit von 2h.52 bis 3h.41	vor dem Rechen über Null	Oberwasser im Meßprofil Gasse C unter 4,216 m	Unterwasser unter der Marke 3,997
Mittel	3,936	0,335	2,160 m
über Null	3,936	3,911	1,837 „

also das benützte Gefälle 3,911 — 1,837 = 2,074 m.

Wassermessung. Das Profil (Fig. 28), in welchem die Wassergeschwindigkeit mittels WOLTMANN'schen Flügels gemessen wurde, ist wie bei der Messung II:

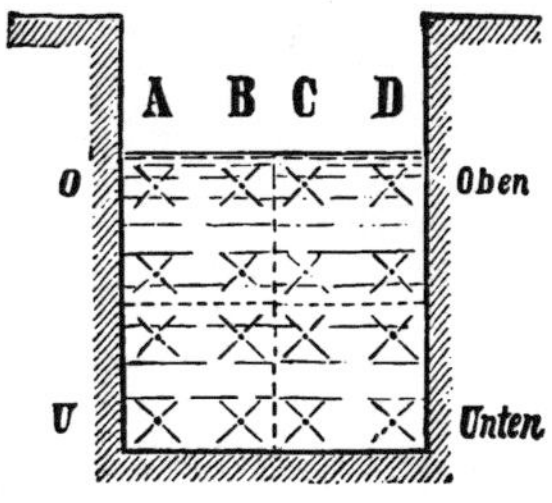

Fig. 28. Querprofil.

unten		1,995 m breit
oben		2,005 „ „
im Mittel		2,000 „ „
die Sohlenhöhe	rechts	1,750 „ über Null
	links	1,740 „ „
	Mittel	1,745 „ „
Der Wasserstand im Durchschnitt		3,911 „ „
also die Wassertiefe		2,166 „ „
und der Wasserquerschnitt		4,332 qm.

Das Profil wurde in vier Felder eingeteilt und in jedem Felde vier Punkte so angenommen, daß die Durchschnittsgeschwindigkeit sämtlicher 16 Beobachtungspunkte mit größter Wahrscheinlichkeit die mittlere Geschwindigkeit des ganzen Profils giebt. Die Messung mit dem WOLTMANN-schen Flügel in diesen 16 Punkten ergab:

Zeit	Punkt	Umgänge	in Sekunden	n
2h.59	A_u	100	57,6	1,736
3h.01	B_u	100	62,0	1,613
3h.02	C_u	100	59,2	1,689
3h.05	D_u	100	69,0	1,449
3h.12	A_2	100	56,2	1,779
3h.13	B_2	100	58,6	1,707
3h.15	C_2	100	53,5	1,869
3h.17	D_2	100	51,0	1,961
3h.21	A_3	100	58,0	1,724
3h.23	B_3	100	55,0	1,818
3h.24	C_3	100	57,8	1,730
3h.26	D_3	100	49,0	2,041
3h.30	A_o	100	64,4	1,553
3h.33	B_o	100	53,8	1,859
3h.35	C_o	100	56	1,786
3h.47	D_o	100	55	1,818
Durchschnitt				1,758

oder in einer Sekunde 1,758 Umgänge, also ist $n = 1,758$ und die mittlere Wassergeschwindigkeit:

$$V = 0,026 + 0,2374 \,.\, 1,758 = 0,443 \, \frac{\text{m}}{\text{Sek.}}$$

Dies ergiebt eine Wassermenge:

$$Q = F \cdot v$$
$$= 4{,}332 \cdot 0{,}443$$
$$Q = 1{,}919 \ \frac{\text{cbm}}{\text{Sek.}}$$

und bei dem benützten Gefälle von 2,074 m einen Bruttoeffekt:

$$N = \frac{1000}{75} \, Q \, H$$
$$= \frac{1000}{75} \, 1{,}919 \cdot 2{,}074$$
$$N = 53{,}07 \text{ Pferde}$$

wovon nutzbar gemacht wurden obige 40,72 Pferde oder

76,78 %.

IV.

Bremsung mit Wassermessung.

Hierauf wurde bei tieferer Stellung des Überfallschützen, 500 mm am Zeiger, eine analoge Versuchsreihe gemacht, wobei die Haupteinlaßfalle noch mehr geschlossen werden mußte und ein noch größerer Teil des Totalgefälles, ca. 35 cm, unbenützt blieb.

Die Bremsung ergab:

Zeit	Hebelbelastung kg	Umgänge	in Sekunden	Umgänge i. d. Minute	Nutzeffekt Pferde
4 h. 04	16	20	25,8		
		20	27,2		
		20	26,4	45,34	37,48
4 h. 07	18	20	28,0		
		20	28,0	42,86	39,86
4 h. 09	20	20	33,2		
		20	31,2		
		20	31,2	37,66	38,91

Konstante Belastung 18 kg während der Wassermessung von 4 h. 30 bis 5 h. 18.

Effekt des Rades 38,1 Pferdestärken.

Die Wasserstände beim Rad waren:

Zeit 4 h. 25 bis 5 h. 18	vor dem Rechen	Oberwasserspiegel in Gasse C, Marke 4,216	Unterwasser unter Marke 3,997
Mittel	3,824	0,437	2,129 m
Wasserhöhe	3,824	3,809	1,868 „ üb. Null

Benütztes Gefälle 3,799 — 1,868 = 1,941 m.

Die Wassermessung ergab:

Profilbreite	2,000 m
Sohlentiefe	1,745 „ über Null
Wasserhöhe	3,809 „ „
Wassertiefe	2,064 „ „
Profilfläche (Wasserquerschnitt)	4,128 qm

Die Geschwindigkeiten waren:

Zeit	Punkt	Umgänge	in Sekunden	n
4h.29	Au	100	64	1,563
4h.30	Bu	100	59,6	1,678
4h.32	Cu	100	64	1,563
4h.35	Du	102	60	1,700
4h.50	A_2	112	60	1,867
4h.53	B_2	112	60	1,867
4h.55	C_2	109	60	1,817
5h.19	D_2	105	60	1,750
5h.02	A_3	113	60	1,883
5h.04	B_3	110	60	1,883
5h.05	C_3	110	60	1,833
5h.07	D_3	110	60	1,833
5h.10	Ao	107	60	1,783
5h.12	Bo	108	60	1,800
5h.14	Co	107	60	1,783
5h.15	Do	107	60	1,783

Durchschnittliche Flügelgeschwindigkeit $n = 1{,}771$ Umgänge i. d. Sekunde.

Wassergeschwindigkeit $V = 0{,}026 + 0{,}2374\ n$
$= 0{,}4464$ m i. d. Sekunde

Wassermenge $Q = F \,.\, v$
$= 0{,}4464 \,.\, 4{,}128$
$= 1{,}843 \frac{\text{cbm}}{\text{Sek.}}$

Bruttoeffekt $N = \frac{1000\ Q\ H}{75} = \frac{1{,}843 \,.\, 1{,}941}{75}$
$= 47{,}70$ Pferdekräfte

Nutzeffekt (siehe oben) 38,10 Pferdekräfte

Wirkungsgrad 0,7987

oder 79,87 %.

Für den Effekt des Rades waren 32 bis 40 Pferdestärken in Aussicht genommen, für den Wirkungsgrad 72 % auf der zweiten Vorgelegwelle garantiert; das Ergebnis von 45 bis 46 Pferde bei voller Ausnützung des Gefälles, Versuch I und II, und der erzielte Wirkungsgrad von 78,3 % als Mittel der hierfür maßgebenden Versuche III und IV haben die Erwartungen erheblich übertroffen.

Was die Genauigkeit der Messungen betrifft, so kann bezüglich der Effekte auf 1 % auf oder ab eine Gewähr nicht übernommen werden, bezüglich der Gefälle ebenso auf ½ %. Noch größer dürfte die Unsicherheit bei der Wassermessung sein, so daß der Unterschied im Wirkungsgrad bei den Versuchen III und IV ebensogut durch unvermeidliche Messungsfehler, als auch durch veränderte Führung des Rades erklärt werden kann.

Fünftes Beispiel.

Wasserrad mit Überfalleinlauf für eine Kunstmühle.

Wassermenge i. d. Sekunde	$Q = 0{,}500$ bis $1{,}000$ cbm
Gefälle	$H = 3{,}500$ m
Raddurchmesser	$D = 7{,}500$ „
Schaufelbreite	$B = 2{,}000$ „
Schaufelzahl	$Z = 48$
Radiale Tiefe	$a = 1{,}640$ „
Schaufelteilung	$t = 0{,}4908$ „
Armzahl	$A = 8$
Umdrehungen i. d. Minute	$n = 2{,}9$
Umfangsgeschwindigkeit i. d. Sek.	$v = 1{,}100$ „
Wassergeschwindigkeit im Schwerpunkt der Schaufelfüllung	$v_1 = 1{,}06$ „
Füllungsgrad $\frac{Q}{a.B.v_1} + 11\,\%$ Zuschlag	$\varepsilon = 0{,}40$
Garantierte Nutzleistung in Pferdekräften	
bei 0,50 bis 0,75 cbm 70 bis 75 %	$N_n = 16$ bis 26 HP.
„ 0,75 „ 1,00 „ 75 „ 80 %	$N_n = 26$ „ 36 „
Gewicht der Wasserfüllung	$G_w = 2540$ kg
„ „ Holzschaufeln	$G_s = 4100$ „

Das Rad, in Verbindung mit einer 25 HP.-Dampfmaschine arbeitend, dient als Ersatz eines eisernen oberschlächtigen ($D = 3$ m, $B = 3{,}50$ m), welches nach achtjährigem Betrieb infolge häufiger Ausbesserungen entfernt wurde. Die Leistung durch den Motor ist gegen früher wesentlich erhöht und sind seit 14 Jahren keine Reparaturen nötig geworden; von einer Prüfung des garantierten Wirkungsgrades wurde abgesehen, da der Besitzer aus Vermahlung und Kohlenverbrauch auf die Steigerung des Nutzeffekts schließen konnte.

Verzeichnis der einzelnen Teile.

8	Radsegmente mit 96 aufgenieteten Schaufelstielen à 2 m lang	} 5610 kg
16	Arme, U-Eisen à 2,195 m lang	
16	Strebenwinkel	
16	Unterlagplatten	
16	Diagonalverbände ∟ 60 × 12	
16	Strebenplatten	
72	Schrauben zu den Streben	
250	Nieten, welche am Aufstellungsort eingebracht werden müssen	
960	Schaufelschrauben	127 „
2	Bund Federneisen 28 × 2	111 „
2	Rosetten, achtarmig mit 4 schmiedeeisernen Nabenringen und 4 Stahlkeilen	1678 „
1	Wasserradwelle aus Stahl, 4,60 m lang, 265/250 mm dick	1610 „
1	Wasserradlager mit Hohlgußuntersatz	290 „
1	Überfallkropfstück mit Schrauben	905 „
2	Seitenführungen mit Platten, Winkel und Schrauben	269 „

2	Fallenanfassungen	41 kg
2	schmiedeeiserne Zahnstangen mit 2 Trieben und Keilen	63 „
2	Fallenzugböcke mit Führungsrollen	93 „
1	Blechwand mit Winkeleisen und Schrauben, Anschluß an den schmiedeeisernen Einlaufkasten	378 „
	Nieten	28 „
1	Wandkasten mit 1 Wasserradlager und 1 Vorgeleglager gemeinschaftlich, 4 Steinschrauben	738 „
1	Lagerbock mit 1 Vorgeleglager, 7 Steinschrauben	648 „
2	Schlautern, 4 Steinschrauben	35 „
1	Vorgeleglager mit Untersatz	171 „
1	Lagersockel mit 2 Schrauben zu einem vorhandenen Lager	104 „
1	Stirnrad, zweiteilig verschraubt, Bohrg. 230 mm 120 E. Z., Dtr. = 3437 mm, B. = 240 mm, Tlg. = 90 mm, mit 2 schmiedeeisernen Nabenringen	3024 „
1	Stirntrieb 37 E. Z., Dtr. = 1060 mm, Tlg. = 90, mit 1 Stahlkeil, 180 Bohrg., 240 mm B., zweiteilig }	695 „
2	schmiedeeiserne Nabenringe }	
1	Vorgelegwelle aus Stahl	497 „
	Zur Ergänzung des vorhandenen Fallenzuges:	
4	Steinschrauben	11 „
1	Fallenzugbock	162 „
1	Schneckenrad mit Keil	77 „
1	Fallenzugachse	76 „
1	aufrechte Fallenzugachse mit Schnecke, 1 Winkelbock, 1 konisches Getriebe 1 : 1, 1 Platte, 1 Achse, 1 Handrad mit Griff	221 „
48	Radschaufeln aus Forchenholz mit Hartholzvorschaufeln (buchen), 2 m breit, 1,60 m radiale Tiefe, beiderseits gehobelt, mit Nut und Feder aufgeschraubt 153,6 qm.	

Stärkeverhältnisse der Radringe und Nieten.

Radringe

I. Ring	$D = 7{,}05$ m —	90×16
II. „	$D = 6{,}04$ „ „	70×16
III. „	$D = 4{,}78$ „ „	90×16
IV. „	$D = 4{,}30$ „ „	80×16

Weite der Innenkränze = 0,325 m

Nieten

96 Stück	Rosettennieten	$= 90 \times 23$
32 „	Unterlagplattennieten	$= 65 \times 20$
32 „	der Kränze an die Arme	$= 55 \times 20$
32 „	Stielnieten	$= 70 \times 18$
32 „	desgleichen	$= 60 \times 18$
16 „	Laschennieten	$= 75 \times 18$
72 „	desgleichen	$= 60 \times 18$
312 Stück		

Sechstes Beispiel.

Wasserrad mit Überfalleinlauf.

Wassermenge i. d. Sekunde	$Q = 0{,}780$ cbm
Gefälle	$H = 2{,}500$ m
Raddurchmesser	$D = 7{,}000$ „

Schaufelbreite	$B = 2{,}000$ m
Schaufelzahl	$Z = 48$
Radiale Tiefe	$a = 1{,}250$ „
Schaufelteilung	$t = 0{,}458$ „
Armzahl	$A = 8$
Umdrehungen i. d. Minute	$n = 3$
Umfangsgeschwindigkeit i. d. Sek.	$v = 1{,}1$ m
Wassergeschwindigkeit im Schwerpunkt der Schaufelfüllung	$v_1 = 1{,}020$ m
Füllungsgrad $\frac{Q}{a\,B\,v_1} + 11\,\%$	
$= \frac{0{,}78}{1{,}25\,.\,2\,.\,1{,}02} + 11\,\%$	$\varepsilon = 0{,}340$ „
Nutzleistung in Pferdestärken	$N_n = 20$

Verzeichnis der einzelnen Teile.

1	Wasserradwelle aus Stahl, 4,21 m lang, 245 und 230 mm dick	1395 kg
2	Rosetten, achtarmig	1518 „
2	Wasserradlager mit Sohlen und Metallschalen	} 695 „
6	Steinschrauben	
8	Radsegmente mit je 16 aufgenieteten Schaufelstielen	2135 „
16	Schaufelstiele, 16 Beilagen	427 „
16	Arme, U-Eisen	1332 „
96	Schaufelschienen	274 „
820	Schaufelschrauben	102 „
	Nieten	76 „
1	Überfallkropfstück	539 „
2	Zahnstangen, 2 Fallenscheren, 0,96 m lang mit 10 Schrauben, 3 Keile	} 329 „
2	Böckchen, 2 Schraubenschlüssel zum Kropfstück, 20 Schrauben mit versenkten Köpfen, 6 Steinschrauben	
1	Stirnrad 66 E. Z. 55 mm Bohrg.	
1	Fallenzugachse, 4,05 m lang, 55 mm dick	
2	Zahnstangentriebe	
2	Fallenführungen	} 385 „
1	Traverse	

1 Vorfallenzug mit schmiedeeisernen Zahnstangen.

1	Rahme, U-Eisen	} 876 „
3	Hohlgußböcke, 4 Anfassungen	
2	Zahnstangen mit Bolzen	
1	Achse, 55 mm dick, 1 kon. Rädchen 30 E. Z.	
1	Stellring, 2 Fallenführungen	
2	Zahnstangentriebe, 16 Schrauben	

1	Fallenzugbock, 1 Platte, 1 Bock	340 kg
2	kon. Getriebe 1:3, 1 Welle, 1 Handrad	
1	Stirntrieb 11 Z., 1 Welle mit Spurzapfen 45 mm dick, 1 Welle zum Fallenzug 50 mm dick	
	Getriebe.	
1	Stirnrad 136 E. Z., Dtr. 3,438 m, Zahnbreite 225 mm, Tlg. 79,4 mm, zweiteilig verschraubt mit 30 Schrauben	2734 „
1	Stirntrieb 40 E. Z., 79,4 mm Tlg., Dtr. = 1,011 m	490 „

Siebentes Beispiel.

Wasserrad mit Überfalleinlauf.

Wassermenge i. d. Sekunde	$Q = 0{,}5$ bis 1 cbm
Gefälle	$H = 1{,}500$ m
Raddurchmesser	$D = 5{,}500$ „
Schaufelbreite	$B = 2{,}100$ „
Radiale Tiefe	$a = 1{,}100$ „
Schaufelzahl	$Z = 36$
Schaufelteilung	$t = 0{,}4799$ „
Armzahl	$A = 6$
Zahl der Rosetten	$= 2$
Umdrehungen i. d. Minute	$n = 4$
Umfangsgeschwindigkeit i. d. Sek.	$v = 1{,}151$ „
Füllungsgrad	$\varepsilon = 0{,}25$ bis $0{,}47$
Tauchung bei 0,5 cbm	$h_t = 0{,}40$
1,0 „	$= 0{,}55$
Nutzleistung in Pferdestärken	$N_n = 8$ bis 15

Verzeichnis der einzelnen Teile.

1	Wasserradwelle aus Stahl, 4,20 m lang, 200 mm dick	980 kg
2	Rosetten, sechsarmig mit 4 Keilen	715 „
1	Wasserradlager mit Untersatz	182 „
1	Lagerbock mit 1 Wasserradlager und 1 Vorgeleglager	520 „
1	Überfallkropfstück mit 4 Schrauben	430 „
2	Fallenführungen, U-Eisen mit 16 Schrauben und 6 Steinschrauben	155 „
1	Fallenzugachse mit 2 Zahnstangen	250 „
2	Anfassungen	
2	Böcke mit Führungsrollen	
12	Wasserradarme, U-Eisen, à 1,515 m lang,	910 „
	mit 12 großen Stielen $\llcorner$ 75 × 75 × 11, 1,55 m lang	
	„ 12 langen „ $\llcorner$ 75 × 55 × 9, 1,80 „ „	
72	Schaufelschienen, 12 Laschen,	
	Äusserer Ring — 80 × 16 $D = 5{,}09$ m	
	mittlerer „ — 60 × 14 $D = 4{,}25$ „	
	innerer „ — 100 × 16 $D = 3{,}30$ „	
4	Radsegmente mit je 8 aufgenieteten Schaufelstielen, 70 × 50 × 7, 1,260 m lang	675 „
4	desgleichen	675 „

280	Nieten	62 kg
	72 Stück 80 × 20 Rosetten	
	36 „ 50 × 20 Armringe	
	24 „ 60 × 20	
	12 „ 75 × 18 gr. Schaufelstiele	
	24 „ 60 × 18 „ „	
	24 „ 60 × 18 Laschen	
	16 „ 50 × 18 „	
	36 „ 50 × 18 gew. Schaufelstiele	
	24 „ 50 × 16 „ „	
	268 Stück	
576	Schaufelschrauben	77 „
2	Bund Federneisen 28 × $2^1/_2$	109 „
1	Stirnrad, zweiteilig, 156 E. Z., Dtr. = 2880 mm, B. = 170 mm, 12 Schrauben, 2 Keile, 2 Nabenringe	1252 „
1	Stirntrieb 39 E. Z., Dtr. = 0,72 m	208 „
1	Doppellagersohle mit 2 Bodenlager	251 „
1	Vorgelegwelle	271 „
1	Stirnrad 134 HK., Dtr. = 2,35, 144 mm breit	780 „
1	Stirntrieb 37 E. Z., Dtr. = 0,65 m	140 „

Achtes Beispiel.

Wasserrad mit Überfalleinlauf.

Wassermenge i. d. Sekunde	$Q = 0{,}38$ bis $0{,}65$	cbm
Gefälle	$H = 1{,}640$	m
Höchstes Gefälle, für welches das Rad gleichfalls noch ausgeführt wurde	$H_{max.} = 1{,}800$	„
Raddurchmesser	$D = 5{,}000$	„
Radbreite	$B = 1{,}700$	„
Schaufelzahl	$Z = 36$	
Radiale Tiefe	$a = 0{,}900$	„
Schaufelteilung	$t = 0{,}4363$	„
Armzahl	$A = 6$	
Umdrehungen i. d. Minute	$n = 4^1/_4$	
Umfangsgeschwindigkeit i. d. Sekunde	$v = 1{,}112$	
Füllungsgrad	$\varepsilon = 0{,}27$ bis $0{,}46$	
Nutzleistung in Pferdekräften	$N_n = 6$ bis $10{,}5$	

Verzeichnis der einzelnen Teile.

1	Wasserradwelle, 3 m lang, 165 mm dick	456 kg
2	Wasserradlager mit Bronzeschalen und Sohlen	120 „
2	Rosetten, sechsarmig	530 „
12	Radarme ⊥ mit 12 angenieteten langen Schaufelstielen	568 „
8	Radsegmente mit 60 aufgenieteten Schaufelstielen	1046 „
	Nieten	38 „
504	Schaufelschrauben	57 „
1	Überfallkropfstück	268 „

1	Fallenzug mit schmiedeeisernen Zahnstangen	341 kg
1	Stirnrad 120 E. Z., Dtr. 2,22 m, Zahnbreite 170 mm, Tlg. 58 mm	711 „
1	Stirntrieb 39 E. Z., Dtr. 0,72 m	195 „

Stärkeverhältnisse der Radringe, Schaufelstiele und Nieten.

Äuß. Ring $D = 4{,}60$ m — 70×14	48 kleine Schaufelstiele à 1,08 m lang, 70×50×7
mittl. „ $D = 3{,}90$ „ — 50×12	12 lange „ à 1,54 „ „ 70×50×7
innerer „ $D = 3{,}08$ „ — 80×14	12 starke „ à 1,35 „ „ 75×55×9
	12 Arme, ⊥-Profileisen à 1,45 „ „

72	Stück	Rosetten -	Nieten	60×18
12	„	lange Stiel	„	60×18
24	„	starke „	„	75×18
32	„	Laschen	„	50×18
12	„	Arm	„	50×18
36	„	starke Stiel	„	50×16
16	„	kleine Laschen	„	55×15
204	Stück			

Neuntes Beispiel.

Wasserrad mit Überfalleinlauf.

Wassermenge i. d. Sekunde	$Q = 0{,}2$ cbm
Gefälle	$H = 2{,}5$ bis 2,68 m
Raddurchmesser	$D = 6{,}000$ m
Schaufelbreite	$B = 1{,}000$ „
Schaufelzahl	$Z = 42$
Radiale Tiefe	$a = 0{,}800$ „
Schaufelteilung	$t = 0{,}4488$ „
Armzahl	$A = 6$
Umdrehungen i. d. Minute	$n = 3^3/_4$
Umfangsgeschwindigkeit i. d. Sek.	$v = 1{,}177$ „
Geschwindigkeit im Schwerpunkt der Wasserfüllung	$v_1 = 1{,}100$ „
Füllungsgrad	$\varepsilon = 0{,}315$ „
Tauchung	$h_t = 0{,}215$ „
Nutzleistung in Pferdekräften	$N_n = 5$

Verzeichnis der einzelnen Teile.

1	Wasserradwelle, 3 m lang, 160 mm dick	435 kg
2	Lager	119 „
2	Rosetten	469 „
4	Radsegmente mit je 36 aufgenieteten Schaufelstielen	492 „
4	desgleichen	490 „
12	Arme ⊥ mit 12 aufgenieteten Stielen	}
84	Schaufelschienen, 12 Laschen	} 960 „
220	Nieten	}

Stärkeverhältnisse der Radringe, Schaufelstiele und Nieten.

Äußerer Ring $D = 5{,}61$ m — 72×15
Innerer „ $D = 4{,}48$ „ — 80×14

60 kleine Schaufelstiele ∟ 0,90 m lang
12 lange „ ∟ 1,35 „ „
12 starke „ ∟ 1,15 „ „
12 Arme ⊥ 2,13 „ „

72 Stück	Rosetten-Nieten		60×18
12 „	Unterlagen	„	60×18
24 „	„	„	75×18
40 „	Laschen	„	50×18
12 „	gr. Stiel	„	50×18
12 „	Kranz	„	50×18
172 Stück			

Zehntes Beispiel.

Wasserrad mit Überfalleinlauf.

Wassermenge i. d. Sekunde	$Q = 0{,}3$ bis 0,5 cbm
Gefälle	$H = 1{,}380$ m
Raddurchmesser	$D = 5{,}000$ „
Schaufelbreite	$B = 1{,}200$ „
Schaufelzahl	$Z = 36$
Radiale Tiefe	$a = 0{,}950$ „
Schaufelteilung	$t = 0{,}4363$ „
Armzahl	$A = 6$
Umdrehungen i. d. Minute	$n = 4{,}5$
Umfangsgeschwindigkeit i. d. Sek.	$v = 1{,}180$ „
Geschwindigkeit im Schwerpunkt der Wasserfüllung	$v_1 = 1{,}100$ „
Füllungsgrad	$\varepsilon = 0{,}32$
Tauchung bei 400 L.	$h_t = 0{,}350$ „
Nutzleistung in Pferdestärken	$N_n = 4$ bis 7

Verzeichnis der einzelnen Teile.

1	Wasserradwelle 3 m lang, 160 mm dick	480 kg
2	Wasserradlager	123 „
2	Rosetten sechsarmig	462 „
8	Radsegmente mit aufgenieteten Schaufelstielen	856 „
12	Arme	
72	Schaufelschienen	747 „
200	Nieten	
432	Wasserradschrauben	52 „
1	Überfallkropfstück	182 „
2	Fallenführungen, 1 Traverse U-Eisen	486 „
1	Fallenzug mit schmiedeeisernen Zahnstangen	
1	Stirnrad 130 E. Z., 2,07 m Dtr., 130 mm Zahnbreite, 50 mm Tlg., 1 Trieb 40 E. Z., 0,637 m Dtr.	725 „

Stärkeverhältnisse der Radringe, Schaufelstiele und Nieten.

Äußerer Ring $D = 4{,}58$ m — 80×14
Innerer „ $D = 3{,}08$ „ — 80×16

48 kleine Schaufelstiele 1,04 m lang
12 lange „ 1,55 „ „
12 starke „ 1,36 „ „
12 Arme 144 mm breit 1,43 „ „

72 Stück	Rosetten -	Nieten	60 × 18
16 „	innere Laschen	„	60 × 18
14 „	äußere „	„	50 × 18
24 „	lange Stiel	„	60 × 18
12 „	Arm	„	75 × 18
12 „	desgleichen	„	50 × 18
24 „	starke Stiel	„	55 × 16
184 Stück			

Elftes Beispiel.

Wasserrad mit Überfalleinlauf.

Wassermenge i. d. Sekunde	$Q = 0{,}25$ cbm
Gefälle	$H = 2{,}300$ m
Raddurchmesser	$D = 5{,}500$ „
Schaufelbreite	$B = 1{,}200$ „
Schaufelzahl	$Z = 36$
Schaufelteilung	$t = 0{,}479$ „
Radiale Tiefe	$a = 0{,}950$ „
Armzahl	$A = 6$
Umdrehungen i. d. Minute	$n = 4{,}2$
Umfangsgeschwindigkeit i. d. Sek.	$v = 1{,}220$ „
Füllungsgrad	$\varepsilon = 0{,}23$
Tauchung	$h_t = 0{,}300$ „
Nutzleistung in Pferdestärken	$N_n = 6$

Stärkeverhältnisse der Radringe, Schaufelstiele und Nieten.

Äußerer Ring $D = 5{,}10$ m — 70×14	48 gew. Schaufelstiele à 1,02 m lang 75×55×7
innerer „ $D = 3{,}78$ „ — 80×14	12 lange „ à 1,42 „ „ 75×55×7
12 Arme, 144 mm breit, 1,78 m lang	12 starke „ à 1,22 „ „ 75×55×9

72 Stück	Rosetten -	Nieten	60 × 18
12 „	lange Stiel	„	60 × 18
24 „	starke „	„	75 × 18
40 „	Laschen	„	50 × 18
12 „	Arm	„	50 × 18
24 „	starke Stiel	„	50 × 16
60 „	Streben	„	55 × 15
244 Stück			
420 Stück	Schaufelschrauben		55 × 13
84 „	„		65 × 13

Verzeichnis der einzelnen Teile.

12 Arme, 12 große Stiele	1805 kg
72 Schaufelschienen	
12 Unterlagen, 12 Streben	
250 Nieten	
18 Radsegmente	
504 Schaufelschrauben	

1	Wasserradwelle	466 kg
2	Wasserradlager mit Bronzeschalen	120 „
2	Rosetten	450 „
1	Stirnrad 130 E. Z., Dtr. = 2,02 m, B. = 150 mm	591 „
1	Stirntrieb 40 E. Z., Dtr. = 0,637 m	140 „

Zwölftes Beispiel.

Wasserrad mit Überfalleinlauf zum Betrieb einer Zwirnerei.

Wassermenge i. d. Sekunde	$Q = 0{,}35$ bis 0,68 cbm
Gefälle	$H = 1{,}3$ bis 1,5 m
Raddurchmesser bedingt	$D = 4{,}000$ m
Schaufelbreite	$B = 1{,}500$ „
Radiale Tiefe	$a = 0{,}950$ „
Schaufelzahl	$Z = 30$
Schaufelteilung	$t = 0{,}4188$ „
Armzahl	$A = 6$
Umdrehungen i. d. Minute	$n = 5$
Umfangsgeschwindigkeit i. d. Sekunde	$v = 1{,}047$ „
Geschwindigkeit im Schwerpunkt der Schaufelfüllung	$v_1 = 0{,}974$ „
Füllungsgrade bei 0,35 cbm	$\varepsilon = 0{,}38$
„ 0,68 „	$= 0{,}625$
Tauchung bei normalem Unterwasserspiegel	$h_t = 0{,}300$ „
„ höchstem „	$= 0{,}450$ „
Bei größter Füllung erhöht sich die Tourenzahl des Rades auf	$n = 6$
Nutzleistung des Rades	$N_n = 5$ bis 9

Infolge örtlicher Verhältnisse war der Konstrukteur genötigt, den Raddurchmesser unter normaler Größe zu bestimmen, vorstehendes Beispiel mag deshalb nur von diesem Gesichtspunkt aus als Vorlage gelten; dennoch entspricht das Rad bezüglich seiner Leistung den gehegten Erwartungen.

Verzeichnis der einzelnen Teile.

1	Wasserradwelle 2,92 m lang, 145 mm dick	356 kg
2	Rosetten mit 4 Stahlkeile	432 „
	Ringe zum Wasserrad:	
	I. Ring $D = 3{,}60$ m — 80×12	
	II. „ $D = 2{,}41$ „ — 80×12	
	48 gewöhnliche Schaufelstiele à 1,01 m lang $73 \times 55 \times 7$	
	12 starke desgleichen $75 \times 55 \times 10$	
	12 Arme 145 mm breit, 1,1 m lang	
6	Radsegmente mit 60 aufgenieteten Schaufelstielen, 12 Laschen	777 „
12	Arme, 60 Schaufelschienen	410 „
	Übertrag:	1975 kg

		Übertrag:	1975 kg
178	Nieten		29 „
420	Schaufelschrauben		48 „
1	Kropfstück mit 2 Winkeleisen	}	212 „
6	Mutterschrauben, 6 Steinschrauben		
1	Stirnrad 140 HK., Dtr. = 1,805 m	}	905 „
1	Stirntrieb 39 E. Z., „ = 0,502 „		
1	Stirnrad 120 HK., „ = 1,550 „		
1	Stirntrieb 30 E. Z., „ = 0,387 „		
1	Vorgelegwelle 1,90 m lang, 90 mm dick		
4	Keile		
2	Wasserradlager, 2 Vorgeleglager mit Bronzeschalen	}	250 „
4	Lagersohlen, 2 Schutzdeckel		
8	Steinschrauben		
			3419 kg

Preis: Mk. 2000.

Dreizehntes Beispiel.

Wasserrad mit Überfalleinlauf zum Betrieb einer Weberei.

Wassermenge i. d. Sekunde	$Q = 0{,}25$ bis $0{,}550$ cbm
Gefälle	$H = 2{,}900$ m
Raddurchmesser	$D = 6{,}000$ „
Schaufelbreite	$B = 1{,}400$ „
Schaufelzahl	$Z = 42$
Schaufelteilung	$t = 0{,}4488$ „
Radiale Tiefe	$a = 1{,}040$ „
Umdrehungen i. d. Minute	$n = 3{,}9$
Umfangsgeschwindigkeit i. d. Sekunde	$v = 1{,}225$ „
Geschwindigkeit im Schwerpunkt der Wasserfüllung	$v_1 = 1{,}160$ „
Füllungsgrad	$\varepsilon = 0{,}17$ bis $0{,}37$
Tauchung	$h_t = 0{,}25$ bis $0{,}38$ m
Armzahl	$A = 6$
Nutzleistung des Rades	$N_n = 7{,}5$ bis $15{,}5$

Das Rad kam anstelle einer älteren Girard-Turbine, deren Leistung nicht befriedigte. Die Turbine reichte bei vollem Wasserstand kaum aus, die Transmissionen der Weberei in Bewegung zu setzen. Ursache war der mangelhafte Zustand des Schaufelapparates und sei hier bemerkt, daß bei Druckturbinen der Wirkungsgrad wesentlich von der Höhe im Spalt abhängig ist, d. h. erheblich sinkt, wenn die Spalthöhe durch Verschleiß sich vergrößert.

Verzeichnis der einzelnen Teile.

1	Wasserradwelle aus Stahl, 2,88 m lang, 200/180/175 mm dick	556 kg
1	Lager mit Bronzeschale und Sohle 175 mm Bohrg.	237 „
1	„ „ „ „ „ 145 „ „	125 „

2	sechsarmige Rosetten, je 2 Keile, 2 Nabenringe aus Schmiedeeisen	616 kg
4	Ringsegmente mit je 42 aufgenieteten Schaufelstielen	723 „
4	desgleichen	693 „
12	Radarme U-Eisen mit 12 angenieteten Schaufelstielen	595 „
96	Schaufelschienen 45×5	168 „
6	Streben 50×10 — }	94 „
6	„ 50×50×8 ∟ }	
32	Laschen —	43 „
270	Nieten	64 „
760	Schaufelschrauben 55×13 und 65×13	96 „
	(Gewicht des schmiedeeisernen Radkörpers = 2476 kg.)	
1	Überfallkropfstück mit 10 Schrauben	167 „
2	Fallenführungen ∟ mit 10 „	39 „
		4216 kg
1	Stirnrad 156 E. Z., 58 mm Tlg., 170 mm breit, 2,88 m Dtr.	1108 „
1	Trieb 35 E. Z., 0,646 m Dtr.	182 „
1	Stirnrad 160 HK., 41 mm Tlg., 2,062 m Dtr.	541 „
1	Trieb 39 E. Z., 0,502 m Dtr.	84 „
1	Vorgeleglager mit Untersatz, 90 mm Bohrg., 180 mm lang	102 „
1	„ mit Wandkonsole, 90 „ „ 150 „ „	105 „
2	„ I Welle	162 „
1	Vorgelegwelle, 1,85 m lang, 90 mm dick }	161 „
1	„ 2,40 „ „ 110 „ „ }	
2	Schlautern, 4 Mutterschrauben }	75 „
4	Rosetten, 8 Steinschrauben }	
4	Stellringe, 90 mm Bohrg.	8 „
1	Seilscheibe, $D = 1{,}8$ m, mit 90 mm Bohrg., 2 Rillen für 50 mm Hanfseile	397 „
1	desgleichen, $D = 1{,}45$ m, mit 75 mm Bohrg.	290 „
		3215 kg
1	Fallenzug mit schmiedeeisernen Zahnstangen	259 „
	Total:	7690 kg

Preis einschließlich Aufstellung: Mk. 3400.

Vierzehntes Beispiel.

Wasserrad mit Überfalleinlauf für die Stuttgarter Bäckermühle, A. G. in Eßlingen a/N. (Tafel XXVII.)

Wassermenge i. d. Sekunde	$Q = 2{,}8$ bis 3 cbm
Gefälle	$H = 1{,}900$ m
Raddurchmesser	$D = 7{,}500$ „
Schaufelbreite (bedingt)	$B = 3{,}185$ „
Schaufelzahl	$Z = 48$
Radiale Tiefe	$a = 1{,}800$ „

Schaufelteilung	$t = 0{,}490$ m
Armzahl	3×8 $A = 24$
Umdrehungen i. d. Minute	$n = 3{,}14$
Wassergeschwindigkeit im Schwerpunkt der Schaufelfüllung	$v_1 = 1{,}085$ i. d. Sek.
Füllungsgrad $\frac{Q}{a\,B\,v_1} + 12\,\%$ Zuschlag	$= 0{,}5$
Nutzleistung des Rades	$N = 55$ HP.

Bei einer Tauchung $h_t = 0{,}9$ m ergiebt sich die vom Rad ohne Gefällverlust verarbeitete Wassermenge aus:

$$D_1 = D - a = 7{,}5 - 0{,}9 = 6{,}6 \text{ m mit}$$

$$v_1 = \frac{6{,}6 \, . \, 3{,}14}{60} = 1{,}085 \text{ m i. d. Sek. zu}$$

$$Q = h_t \, . \, B \, . \, v_1 \, . \, k$$

$$= 0{,}9 \, . \, 3{,}185 \, . \, 1{,}085 \, . \, 0{,}88 = 2{,}75 \text{ cbm i. d. Sek.}$$

Die Konstruktion möge als Beispiel eines außergewöhnlich kräftig gebauten Wasserrades für Großbetrieb gelten, der frühere Motor von schwächerer Bauart vermochte starker, ununterbrochener Inanspruchnahme und häufiger Reparaturen wegen nicht länger als 12 Jahre standzuhalten.

Verzeichnis der einzelnen Teile.

1	Wasserradwelle aus Stahl, 5,34 m lang, 360/330/300/280/245 mm dick	3240 kg
1	Wasserradlager mit Bronzeschalen, 280 mm Bohrg., 400 mm lang	683 „
1	„ „ „ 245 „ „ 380 „ „	485 „
1	gußeiserne Wasserradrosette, 300 mm Bohrg., achtarmig, zu U-Profileisen (linke)	840 „
1	desgleichen, 360 mm Bohrg. (mittlere)	871 „
1	„ 330 „ „ (rechte)	822 „
6	Rosettenkeile	50 „
12	Wasserradsegmente mit aufgenieteten Schaufelstielen	6185 „
24	Radarme U-Profileisen, 200 mm breit, mit aufgenieteten Platten und Winkel	1400 „
	Streben, Laschen u. s. w.	420 „
2160	Schaufelschrauben, 13 mm dick	287 „
144	Schaufelschienen	455 „
4	Ankerschrauben mit Platten und Unterlagscheiben	90 „
	Nieten	240 „
	Federneisen für die Schaufeln	610 „
		16678 kg
48	Wasserradschaufeln aus weißtannen mit buchenen Vorschaufeln, 392 Stück, Stärke 45 bis 36 mm, beiderseits behobelt, nach Schablonen bearbeitet, ca. 320 qm	6400 „

Bemerkungen zu den Tabellen über eiserne Überfallwasserräder nach verbessertem System Zuppinger mit Holzschaufeln.

(Seite 110 bis 113.)

Die Zusammenstellung ist nach dem Gefälle geordnet.

Die Buchstabenbezeichnung über den einzelnen Spalten wird einer weiteren Erklärung kaum bedürfen: Die beiden ersten senkrechten Reihen enthalten die Rechnungsgrundlage (Gefälle und Wassermenge) für den hydraulischen Effekt, der in Spalte 3 steht. Spalten 4 bis 8 zeigen die hauptsächlichsten Größenverhältnisse (Durchmesser, Breite, Schaufelzahl, radiale Tiefe und Tauchung im Unterwasser) des betreffenden Rades. In Spalte 9 ist die Umdrehungszahl (n) i. d. Minute aufgeführt, aus welcher sich (Spalte 10) die Radgeschwindigkeit (v) i. d. Sekunde berechnet.

Die übrigen Spalten weisen die Einzelgewichte der Radteile, bezw. das Gesamtgewicht des Radkörpers einschließlich Welle und Lager auf; unter „Bemerkungen“ ist der jeweilig verschiedene Verwendungszweck des Wasserrades angegeben, woraus zu ersehen ist, daß diese Räder sich für alle Betriebe eignen.

Aus der Übersicht geht ferner hervor, daß das Radsystem bei Zuflußmengen von 0,14 cbm i. d. Sek. bis zu 5 cbm i. d. Sek. gleichgut anwendbar ist, ebenso, daß damit Gefälle von 1 bis 3 m und darüber ausgenützt werden. Im Rahmen der durch Tabellen IV u. V gezogenen Grenzwerte der veränderlichen Wassermengen und Gefälle wird in der Praxis wohl selten ein Lokal vorkommen, für welches der Techniker in der Übersicht nicht ein geeignetes Vorbild auffinden dürfte. Insbesondere bieten die Einzelheiten entsprechende Grundlagen für Entwürfe; außerdem wird der Fachmann aus vorliegendem Material weitere erprobte Konstruktionswerte entnehmen können.

Das Durchschnittsgewicht des schmiedeeisernen Radkörpers mit Rosetten, Stahlwelle und Lager, ohne Holzschaufeln ergiebt sich vergleichsweise bei diesem System zu 340 kg für eine Pferdekraft.

In maschineller Hinsicht ist ein Kostenaufwand von etwa Mk. 150 für die Pferdekraft erforderlich, derselbe stellt sich somit etwas niederer als wir unter gleichen Voraussetzungen bei oberschlächtigen Rädern gefunden haben, wobei der Preis der Schaufelung jedoch noch berücksichtigt werden muß, welcher durchschnittlich zu Mk. 5 für den Quadratmeter fertig aufgeschraubt zu veranschlagen ist.

Tabelle IV.

Eiserne Überfallwasserräder nach verbes-

für **0,96** bis **1,80** m Gefälle und

ausgeführt von der Maschinen-

H	Q	N_n	D	B	Z	a	h_t	n	v
0,965	1,20—2,00	11,6—19	5,500	2,500	36	1,100	0,450	5,50	1,584
1,000	0,800	8	6,000	1,600	36	1,200	0,530	3,75	1,178
1,00—1,20	1,50—2,80	24	6,000	2,740	40	1,150	0,500	5,50	1,728
1,100	0,45—0,60	5—7	5,500	1,680	36	1,000	0,400	4,50	1,295
1,15—1,20	1,20—1,50	15—18	5,500	2,500	36	1,100	0,400	4,75	1,417
1,260	1,800	23	6,000	2,400	42	1,200	0,500	5,00	1,570
1,350	0,600	8	5,500	1,600	36	1,000	0,320	4,50	1,296
1,350	1,350	18	6,000	2,500	36	1,200	0,500	4,00	1,256
1,350	1,50—3,00	21—39	6,600	4,000	42	1,350	0,740	2,50	0,864
1,400	3,800	50—60	7,000	4,500	48	1,750	0,800	3,25	1,192
1,500	1,300	19—20	5,500	2,000	36	1,050	0,450	6,00	1,728
1,500	1,400	20	6,000	1,400	42	1,200	0,550	4,50	1,413
1,550	1,50—2,00	23—32	6,400	2,250	42	1,400	0,620	4,00	1,340
1,600	1,500	24	5,500	2,200	36	1,250	0,400	4,75	1,368
1,640	0,90—1,10	15—18	6,000	1,700	42	1,100	0,450	4,00	1,256
1,640	1,000	16	6,000	2,200	42	1,100	0,400	4,50	1,413
1,640	1,250	20	6,400	2,300	42	1,200	0,450	4,00	1,340
1,650	0,75—1,00	12—16	6,000	1,200	36	1,250	0,400	4,50	1,413
1,700	1,000	17	6,400	2,500	40	1,370	0,500	3,50	1,173
1,700	1,50—2,00	25,5—34	6,400	3,080	42	1,300	0,450	4,00	1,340
1,710	2,00—2,50	34—43	7,000	3,000	48	1,400	0,400	3,25	1,205
1,720	0,90—2,00	15—35	6,000	2,200	36	1,350	0,500	4,35	1,367
1,780	0,680	12	6,000	1,600	42	1,100	0,450	5,25	1,647
1,800	1,500	26	6,000	2,400	42	1,150	0,350	4,25	1,334
1,80—2,00	0,30—0,60	6—11	6,000	1,600	42	1,100	0,300	3—5	0,943 —1,571

Tabelle IV.

sertem System Zuppinger mit Holzschaufeln

0,30 bis **3** cbm/sek. Wasserzufluß,

fabrik M. Müller in Cannstatt.

Einzelgewichte in Kilogramm						Gew. von Rad, Rosetten, Welle, Lager	Überfall-kropf-stück mit Fallen-führungen	Regulier-schützen-zug	Bemerkungen
Welle	Lager	Anzahl	Rosetten	Radkörper	Stirnrad				
1257	406	2	938	2842	1612	5443	815	449	Mahlmühle
918	360	2	702	2550	1147	4530	—	360	Mahlmühle
1290	525	2	1100	3500	2176	6415	1250	400	Goldwarenfabrik
540	143	2	530	1790	740	3003	495	266	Mahlmühle
1048	354	2	935	3036	1130	4473	—	440	Mahlmühle
1110	446	2	941	3380	2603	5877	1630	601	Mahlmühle
548	140	2	556	1877	1000	3121	510	300	Mahlmühle
2033	927	2	897	3025	1961	6882	1300	498	Mahlmühle
2750	—	3	2184	6158	—	—	—	1179	Kunstmühle
3860	—	3	2380	8490	5182	—	3080	—	Kunstmühle
700	140	2	602	2208	990	3650	655	361	Mahlmühle
904	455	2	1009	2980	1765	5348	855	201	Kunstmühle
1336	416	2	1496	3665	2560	6913	1183	258	Kunstmühle
1012	380	2	930	2630	1115	4952	660	362	Kunst- und Mahlmühle
985	428	2	775	2966	1588	5154	430	384	Kunst- und Mahlmühle
874	332	2	680	2864	1239	4750	700	412	Kunstmühle
1236	420	2	950	3174	1587	5780	670	510	Mahlmühle
911	525	2	748	2752	971	4936	556	318	Elektr. Zentrale
1298	610	2	1078	3996	2698	6982	721	—	Kunstmühle
1596	415	3	1453	4832	1747	8296	1367	432	Mahlmühle
2166	592	3	2264	6660	4440	11682	1385	708	Kunstmühle
4430	269	—	—	6550	4420	—	1254	640	Metallwarenfabrik
513	149	2	746	2895	1006	4303	411	378	Kunstmühle
1448	498	2	1025	3088	1790	6059	1010	454	Mahlmühle
736	507	2	574	2841	—	4658	830	310	Pumpwerk

Tabelle V.

Eiserne Überfallwasserräder nach verbes-

für **1,82** bis **3,15** m Gefälle und

ausgeführt von der Maschinen-

H	Q	N_n	D	B	Z	a	h_t	n	v
1,820	0,40—0,65	7,5—12	6,000	1,800	42	1,000	0,350	4,00	1,256
1,845	0,20—0,40	3,7—7,4	5,000	1,400	36	0,800	0,300	4,00	1,047
1,900	2,80—3,00	53—57	7,500	3,185	48	1,800	0,900	3,14	1,233
1,920	0,30—0,55	5,7—10,5	5,500	1,400	36	0,915	0,300	4,00	1,152
2—1,40	3,50—5,00	70	7,000	4,500	40	1,750	0,850	3,50	1,296
2,000	1,350	27	6,400	2,200	42	1,250	0,400	4,00	1,340
2—2,30	0,65—1,00	15—20	6,000	1,750	42	1,050	0,300	4,00	1,256
2,100	0,75—1,25	16—26	6,000	1,500	42	1,250	0,500	4,00	1,256
2,100	1,200	25	6,400	2,200	42	1,200	0,450	4,00	1,340
2,150	1,150	25	6,400	2,100	42	1,400	0,400	4,00	1,340
2,200	2,000	35	7,000	2,100	48	1,600	0,700	3,50	1,296
2,250	0,65—0,80	15—18	5,800	1,750	42	1,050	0,350	4,50	1,366
2,25—2,75	2,00—2,50	50—60	7,000	2,850	48	1,700	0,930	3,33	1,221
2,300	0,90—1,20	20—27,5	6,400	2,250	42	1,200	0,400	3,50	1,173
2,370	0,600	14	6,000	1,750	42	1,000	0,210	4,00	1,256
2,395	0,90—1,20	21—28	6,400	2,000	42	1,050	0,400	3,75	1,256
2,400	1,000	24	6,200	1,500	42	1,200	0,600	4,00	1,298
2,430	0,25—0,55	6—13	6,000	1,600	42	0,950	0,300	4,00	1,256
2,500	0,14—0,30	3,5—7,5	5,500	1,100	42	0,800	0,150	4,75	1,368
2,540	0,60—1,00	15—26	6,200	2,200	42	1,300	0,400	3,50	1,132
2,570	0,800	21	6,400	2,100	42	1,150	0,450	3,30	1,112
2,654	0,700	18,5	6,600	2,000	42	1,100	0,400	3,75	1,290
2,770	1 800	49	7,000	2,900	48	1,400	0,350	3,00	1,100
2,910	0,20—0,60	6—17	6,000	1,500	42	1,050	0,300	3,75	1,177
3,150	0,20—0,40	6,3—12,6	6,200	1,100	42	0,850	0,350	3,60	1,168

Tabelle V.

sertem System Zuppinger mit Holzschaufeln

0,14 bis 5 cbm/sek. Wasser,

fabrik M. Müller in Cannstatt.

Einzelgewichte in Kilogramm						Gew. von Rad, Rosetten, Welle, Lager	Überfall-kropf-stück mit Fallen-führungen	Regulier-schützen-zug	Be-merkungen
Welle	Lager	An-zahl	Ro-setten	Rad-körper	Stirnrad				
790	357	2	741	2762	1063	4650	545	370	Mahlmühle
509	146	2	595	1425	823	2675	412	356	Mahlmühle
3240	1168	3	2583	9597	—	16588	1817	820	Kunstmühle
741	134	2	543	1876	898	3294	368	264	Mahlmühle
4440	1089	3	2649	8214	5126	16392	2195	1042	Kunstmühle
1148	455	2	928	3204	1654	5735	760	385	Kunst- und Mahlmühle
912	368	2	767	2680	1085	4727	494	386	Elektr. Zentrale
1090	389	2	697	2839	1071	5015	496	370	Kunstmühle
1105	400	2	935	3070	1576	5510	818	398	Mahlmühle
1111	473	2	920	3174	1574	5678	859	402	Mahlmühle
1855	525	2	1555	4680	4700	8615	1170	331	Ölfabrik
654	206	2	623	2252	995	3735	570	334	Mahlmühle
—	—	3	2240	7130	—	—	1444	364	Kunstmühle
1191	459	2	924	3312	1664	5886	510	345	Kunst- und Mahlmühle
622	251	2	695	2670	1358	4248	500	340	Mahlmühle
793	330	2	755	3042	1254	4920	633	263	Mahlmühle
1040	—	2	1032	2340	1730	—	700	250	Mahlmühle
630	311	2	580	1974	1047	3495	275	348	Mahlmühle
437	—	2	635	1601	993	—	260	160	Sägewerk
1606	662	2	923	3517	2233	6708	908	325	Spinnerei
1290	690	2	930	3592	1680	6502	655	350	Kunstmühle
1246	422	2	985	3385	1622	6038	600	517	Kunst- und Mahlmühle
2069	700	3	2620	8450	3476	13839	1290	—	Kunstmühle
910	318	2	785	2468	1290	4481	353	255	Mahlmühle
505	200	2	355	1920	1085	2980	350	270	Kunstmühle u. Sägewerk

Fünfter Abschnitt.

Besondere Radkonstruktionen.

Wasserräder von Brault, Teisset & Gillet in Chartres (Eure et Loir).

Die Konstruktionswerkstätten in Chartres wurden 1837 durch Fontaine, den Erfinder der Turbine, welche in der Wissenschaft seinen Namen trägt, gegründet und 1885 die Werke von Passy damit vereinigt; zusammen sind

Fig. 29. Oberschlächtiges Rad. Ansicht.

etwa 560 Arbeiter beschäftigt; daselbst werden hauptsächlich hydraulische Motoren verschiedener Systeme gebaut, mehr als 10000 Wassermotoren mit zusammen 400000 effektiven Pferdestärken sind aus dem Geschäft hervorgegangen. Jedes Jahr wird eine große Anzahl Fontaineturbinen erstellt, welchen die Firma bei geringen Gefällen bis 2 m und großen Wassermengen den Vorzug einräumt, gleichzeitig konstruiert die Fabrik Girardturbinen mit horizontaler Achse für gewisse Ausnahmefälle, außerdem ist zu den Erzeugnissen seit 1894 eine neue Turbinengattung nach amerikanischem Muster mit radialer äußerer Beaufschlagung, System Victor, hinzugekommen.

Das Haus hat dabei niemals aufgehört Wasserräder verschiedener Systeme als Spezialität im Wettbewerb mit Turbinen zu bauen, solche mit flachen Schaufeln, sog. Sagebien-Räder (Fig. 30), sowie Zellenräder für höhere Gefälle.

Seit einiger Zeit, insbesondere seit Einführung amerikanischer Turbinen in Frankreich, hat der Wasserräderbau einigen Stillstand und zwar infolge hohen Preises und weitläufiger Ausführung derselben erlitten; es giebt jedoch Fälle, in welchen die Veränderung einer Kanalanlage sehr teuer wird, oder es im Interesse liegen kann, die Einrichtung einer Fabrik, woselbst ein Rad schon besteht, beizubehalten und dasselbe durch ein anderes zu ersetzen. Wasserräder sind deshalb auch nach Ansicht dieses Geschäftes nicht zu verwerfen, weil sie anundfürsich sehr gute Dienste leisten können.

Das Etablissement in Chartres hat reiche Erfahrung in diesem Fach

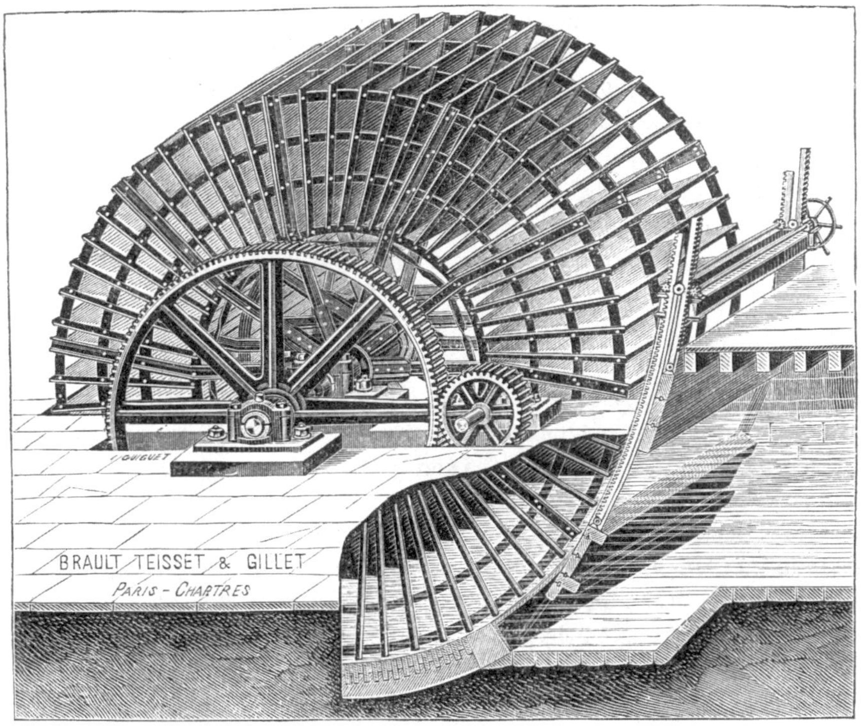

Fig. 30. Sagebien-Rad. Ansicht.

und bleibt unausgesetzt bestrebt, den Schaufelriß seiner Konstruktionen, soweit dies möglich, zu verbessern.

Wasserräder bedürfen einer tadellosen Ausführung noch mehr als andere Kraftmaschinen, um gegenüber der Anstrengung, welcher dieselben fortwährend unterworfen sind, standzuhalten; außerdem bestehen sie aus einer großen Anzahl vernieteter und zusammengeschraubter Teile, wobei durch Versagen eines einzelnen Stückes der ganze Radkörper leidet.

Der Wasserräderbau dieser Firma ist mustergiltig, die Erstellung des Gerippes in Eisen wird der Ausführung in Holz bezüglich Dauerhaftigkeit stets vorgezogen, denn die Unterhaltung kostet in ersterem Falle fast nichts. Gegenwärtig am meisten angewendete Systeme sind: Zellenräder für 3 bis 12 m und Schaufelräder mit flachen Schaufeln für 0,5 bis 3 m Gefälle.

Ponceleträder bleiben ganz außer Betracht, da der geringe Nutzeffekt Ursache bildet, sie durchaus zu verwerfen.

1. Zellenräder, welche von diesem Hause gebaut werden, sind leicht, vollkommen fest und ausgewuchtet, die eigentümlich verlängerte Form der Zellen vermeidet fast vollständig das zufrühe Entleeren; der Radkranz erhält eine geringe Höhe, um dadurch den höchsten Wirkungsgrad zu erlangen. Fig. 29 zeigt die Konstruktion eines Zellenrades aus Eisenblech von Brault, Teisset & Gillet, unter Gefällen von 4 bis 12 m angewendet, für schwächere Leistung kann die Ausführung auch in Holz mit eiserner Radwelle gewählt werden, bei stärkerer Kraftleistung jedoch ist der Bau ganz in Eisen vorzuziehen. Die Räder werden schon in den Werkstätten in Segmenten vernietet, um dieselben fertig zur Aufstellung zu versenden; letztere erstreckt sich nur noch auf die Verbindung der Radteile untersich am Platze. Die Dichtigkeit des Rades ist eine vollständige und die Dauerhaftigkeit eine absolute.

2. In gleicher Weise werden Räder mit flachen Schaufeln, langsamem Gang, Sagebien-Räder genannt, gebaut und ergeben, wenn sie gut konstruiert sind, einen der höchsten Wirkungsgrade. Genanntes Haus bietet seinen Kunden in dieser Beziehung weitgehendste Garantien, da dasselbe aus dieser Gattung von Motoren eine Spezialität gemacht hat; die Räder finden bei Gefällen bis 3 m und darüber Anwendung. Die Vernietung ist eine sorgfältige; die Radringe werden aus Schmiedeeisen gefertigt, wodurch jede Unterbrechung des Zusammenhangs vermieden wird. Die Wellen sind aus Schmiedeeisen oder geschmiedetem Stahl erster Qualität, die Lager mit Schraubgewinde versehen, wodurch die Gleichlage des Rades nach der Aufstellung ermöglicht werden kann, es ist dies eine wichtige und nicht außeracht zu lassende Vorsichtsmaßregel; die Schaufeln bestehen aus Holz. Alle Arme erhalten unter sich Querverbindungen in Form eines Andreaskreuzes von einer Rosette zur andern, letztere sind durch drei Keile auf der Welle befestigt. Fig. 30 zeigt eine allgemeine perspektivische Ansicht der Konstruktion.

Die Einlaßfalle ist doppelt: die untergetauchte Schütze, deren Bewegung von oben nach unten gerichtet ist, dient gewöhnlich für den Eintritt des Wassers, die obere Schütze wird zur Regelung der Kraft des Rades bei starkem Wasserstand gehoben. Wie alle Wasserräder, die nicht auf Vorrat gebaut werden können, muß auch dieses System für jeden einzelnen Fall besonders konstruiert sein.

Versuchsresultate mit Wasserrädern System Sagebien.

Name der Werke und Leiter der Versuche	Fall m	Aufschlag in Liter	Bruttokraft in Kilogrmtr.	Effektive Kraft in Kilogrmtr.	Güteverhältnis	Bemerkungen
Manufacture de draps v. M. Crozel à Vienne (Isère), M. Gonnard, Prof. an der Zentralschule Lyon	2,300	2160	4839	4069	0,84	auf der 2. Transmissionswelle
Zwirnerei v. Augustin Vy, Serquigny (Eure), M. Boudier, Ing.-mech. Rouen	2,200	2128	4683	4159	0,88	auf der Radwelle

Vorstehende Übersicht enthält auszugsweise die Ergebnisse der Versuche mit zwei Wasserrädern, System Sagebien, dabei ist nur zu bedauern, daß die knapp gegebenen Ziffern kein weiteres Eingehen auf Einzelheiten gestatten. Fig. 31 zeigt die Konstruktion eines solchen Rades im Durchschnitt; besonders charakteristisch ist die nach dem Radkreis gekrümmte Überfallschütze, welche eine Verminderung des schädlichen leeren Raumes zwischen Schaufeln und Schütze bezweckt.

Über Wasserstuben, Schützen und Rechen giebt die geschätzte Firma aus ihrer mehr als 50jährigen Erfahrung noch weitere beachtenswerte Hinweise.

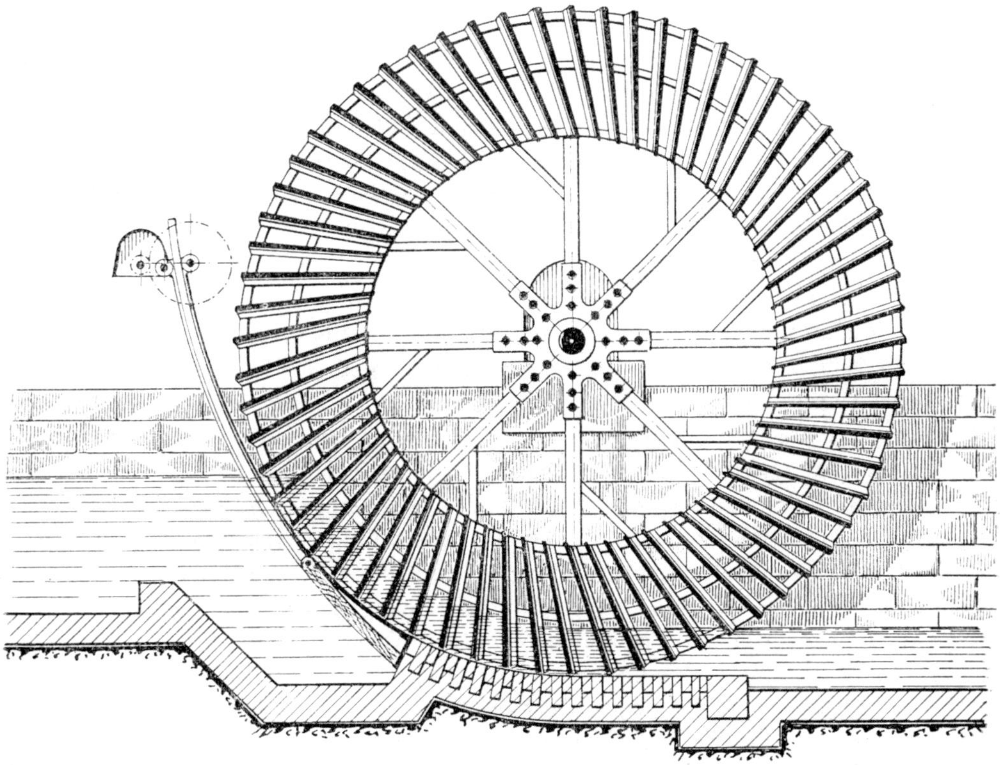

Fig. 31. Sagebien-Rad. Durchschnitt.

Es darf bei Anlage der Zu- und Ablaufkanäle ein ausreichender Querschnitt für die Zuflußmenge nicht unberücksichtigt gelassen werden. Wenn keine Hindernisse entgegenstehen, soll der Querschnitt des Zulaufkanals derart bemessen sein, daß das Wasser mit einer Geschwindigkeit von 0,5 bis 0,6 m i. d. Sek. anfließt, welcher normalen Geschwindigkeit man unter allen Umständen nahe zu kommen sucht. Unumgänglich notwendig ist ferner, vor der Wasserstube einen eisernen Rechen einzusetzen, um vom Wasser mitgeführte Fremdkörper vom Motor abzuhalten; andererseits soll der Rechen genügend weit angeordnet sein, damit der Durchfluß ohne Kontraktion und Gefällsverlust derart erfolgt, daß die Wasserhöhe vor und hinter demselben annähernd die gleiche ist.

Allgemein wird für Rechenstäbe Flacheisen in Stärke 80×4 verwendet und eine Teilung von 4 bis 5 cm empfohlen; für Turbinenkanäle ist diese Vorschrift wohl begründet, dagegen lassen Wasserräder eine erheblich größere Rechenweite zu, man geht dabei je nach Reinheit des Wassers auf 6 bis $7^1/_2$ cm Stabteilung.

Schützen werden in Eisen oder Holz angefertigt, ihre Grundschwelle besteht aus Eisen, die einfache Windevorrichtung soll durch einen einzelnen Mann leicht und sicher zu bedienen sein.

Insbesondere weist das Haus noch auf die Notwendigkeit hin, zwei geeignete Sandschächte in der Sohlenbettung des Einlaufkanals anzulegen. Die erste Vertiefung wird am Fuß des Rechens, die zweite in der Wasserstube selbst vor dem Eintritt in den Motor (wenn die Örtlichkeit es gestattet) angeordnet, um schwere Körper, welche durch das Wasser hereingezogen werden, aufzuhalten. In gleicher Weise ist ein Ablaßrohr, 20 bis 25 cm weit, in der Mitte des Sandschachtes zu empfehlen, um eine Verbindung des Oberkanals mit dem Ablauf herzustellen. Die Öffnung wird durch Klappe oder Pfropfen verschlossen, damit durch Ziehen derselben die Wasserstube vollständig entleert werden kann.

Derartige Vorrichtungen sind in ähnlicher Form auf den Tafeln ausgeführter Wasserräder gleichfalls gezeichnet, teilweise findet sich auch eine gußeiserne kleine Schütze, in einem Rahmen gleitend, seitlich an der Wange eingelegt (Fig. 32), angebracht.

Der Ablaufkanal ist derart zu bemessen, daß der Abfluß unmittelbar hinter dem Rad mit einer Geschwindigkeit von 0,6 bis 0,7 m i. d. Sek. erfolgt.

Aus Anlaß der Weltausstellung in Antwerpen 1894 veröffentlichte die Firma eine Denkschrift, welcher nachstehende Beschreibung einer im Jahr 1889 ausgeführten Wasserradanlage, wovon ein Modell in der Sektion des Ackerbauministeriums am Quai d'Orsay sich befindet, entnommen ist.

Die in Dousère (Dep. Drôme) für die Kanalgesellschaft von Pierrelatte aufgestellten Wasserräder bilden die Gruppe der Pumpstation von Pont-Vincent. Diese Wasserhebeeinrichtung besteht aus zwei Wasserrädern System Sagebien, wovon das eine als Kraft- das andere als Schöpfrad dient. Letzteres kann 400 Sekundenliter, die zur Berieselung von 400 Hektar ausreichen, heben. Der höchste Punkt, welcher im Umkreis zu erreichen ist, liegt 2 m über dem normalen Wasserspiegel des Kanals; das verfügbare Gefälle beträgt 0,75 m min., zu bestimmten Zeiten hebt sich dasselbe auf 1,38 m max.

Das Kraftrad ist nach Sagebien gebaut als demjenigen System, das sich der Gefällsänderung von 0,75 bis 1,30 m am besten anpaßt und eine Abnahme der Geschwindigkeit ohne Effektverlust nach Maßgabe der Eintauchung gestattet. Um ihm gleichhohe Leistung zu sichern, genügt es nur die Aufschlagsmenge zu ändern; seine Abmessungen sind folgende:

Raddurchmesser	5,000 m
Schaufelbreite	3,000 „
Schaufelzahl bei 1,260 m Höhe	48
Umdrehungszahl i. d. Minute	3,005
Tauchung bei Niederwasser	0,500 m
„ „ Hochwasser	1,200 „

Das Schöpfrad ist, wie bereits bemerkt, nach dem gleichen System gebaut wie das Kraftrad, seine Wirkungsweise ist jedoch in entgegengesetztem Sinne desselben. Die Betriebsbedingungen und Ergebnisse der erreichten

Leistung zur Aufschlagwassermenge sind für beide Räder die nämlichen. Die Ursachen der Verluste: Stoß auf die Schaufeln beim Eintritt in die Wasserhaltung, Verluste im Kropf- und Schöpfgerinne einschließlich Zapfenreibung der Welle sind beim einen wie beim andern Rad gleichgroß. Die Größenverhältnisse des Schöpfrades sind:

Äußerer Durchmesser	5,000 m
Schaufelbreite	1,850 „
Schaufelzahl bei 0,900 m Höhe	48
Umdrehungszahl i. d. Minute	2,067

Die Achse des Schöpfrades, welches im Oberwasserkanal eingebaut ist, liegt 1,30 m über derjenigen des Kraftrades. Beide Wasserräder sind durch ein

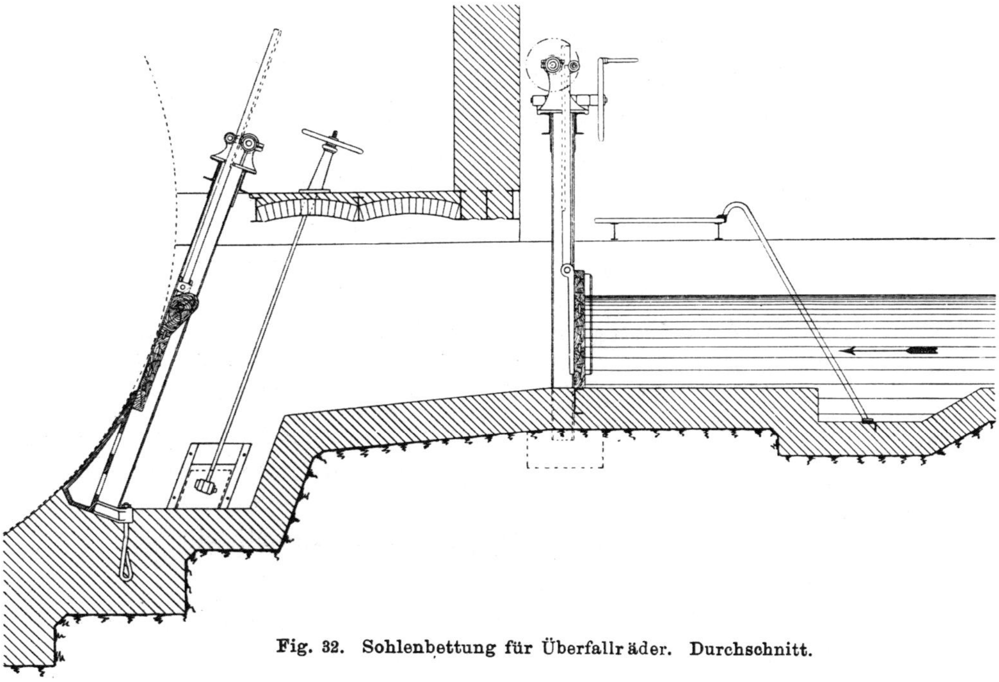

Fig. 32. Sohlenbettung für Überfallräder. Durchschnitt.

Paar Stirnräder „Eisen in Eisen" miteinander verbunden, deren Übersetzungsverhältnis nach dem Unterschied der verlangten Geschwindigkeit bestimmt ist.

Das durchs Schöpfrad gehobene Wasser gelangt in einen schmiedeeisernen Wasserbehälter, aus dem es durch ein gußeisernes Rohr, welches 400 Sekundenliter durchläßt, abfließt. Die Einrichtung, welche seit mehreren Jahren im Betrieb ist, hat sowohl bezüglich Wirkungsgrad, als auch vom Standpunkt der Ausführung aus die besten Resultate ergeben. Die beiden Wasserräder sind überdies in gleicher Art wie alle aus genannter Werkstätte hervorgegangenen konstruiert, sämtliche Verbindungen in solcher Weise durchgebildet, daß ein Bruch der Radringe oder ein Versagen der Befestigung an der Welle verhindert wird und die Motoren ausreichende Betriebssicherheit verbürgen.

Die Wellzapfen sind auf Untersätzen mit Schraubgewinde gelagert, damit die Einstellung des Spielraums im Gerinne erleichtert und derselbe auf das geringste Maß zurückgeführt werden kann.

Fig. 29 (S. 114), oberschlächtiges Wasserrad, und Fig. 30 (S. 115), Sagebien-Rad, sind dem Hauptkatalog genannten Geschäftes entnommen und nach den französischen Originalen ausgeführt.

Fig. 31 (S. 117) ist nach einer Zeichnung des Verfassers gefertigt. Der Schacht am Fuße des Schutzrechens bewirkt gleichzeitig eine Vergrößerung des Durchflußquerschnitts an einer Stelle, woselbst stets Gefällsverlust vorhanden.

Für das zu vorliegender Arbeit bereitwilligst gelieferte Material, sowie für freundliche Überlassung der zu den Textfiguren benutzten Originalabbildungen sei dem allseitig mit höchsten Preisen ausgezeichneten Hause Brault, Teisset & Gillet in Chartres auch hier der beste Dank ausgesprochen.

Braun'sches Wasserrad.

Wie aus Tafel XV ersichtlich, ist die Konstruktion des Braun'schen Wasserrades von anderen Überfallwasserrädern wesentlich verschieden.

Wasserradwelle mit Rosetten und Lagern bieten dabei nichts Neues, wohl aber die aus Eisenblech hergestellten Schaufelkränze mit ihrer in Beziehung auf Beanspruchung durchdachten eigentümlichen Schaufelstielform und ihrer bemerkenswerten Zusammensetzung mit Nietenverbindungen, bezw. Herstellung ununterbrochen dichtgeschlossener Schaufelkränze, wodurch dem Rad bei sorgfältiger Ausführung selbst unter Verwendung schwachen Materials eine außerordentliche Festigkeit und Dauerhaftigkeit gegeben wird; außerdem genügt ein Blick auf die Zeichnung, um zu erkennen, wie leicht und schnell sich ein solches Rad beschaufeln läßt, es sind keinerlei Hindernisse im Weg und die Schaufeln brauchen nicht schon beim Aufschrauben zerschnitten und dadurch geschwächt zu werden.

Die Konstruktion läßt sich nach dankenswerten Mitteilungen des Erfinders, wie folgt kurz zusammenfassen:

Außen an den U-förmigen eisernen Wasserradarmen werden je nach den Radverhältnissen ein breites oder zwei schmale aus Segmenten zusammengesetzte Blech- oder Flacheisenkreuze befestigt, an diese sämtliche aus Eisenblech hergestellte Schaufelstiele angenietet, welche an ihrem innern Teil ebenfalls einen geschlossenen Kranz bilden und den oder die zwei darunterliegenden Radkränze, mit denen sie verbunden sind, decken.

Zur Auflage der Schaufeln sind an die Blechkränze Winkeleisen angenietet, welche auch zur seitlichen Versteifung dienen und zu diesem Zweck die nämliche Länge wie die Blechschaufelstiele erhalten.

Umfangsgeschwindigkeit, Durchmesser, Radbreite und radiale Schaufelhöhe, Schaufelfüllung und Tauchung müssen den jeweiligen Wasser- und Gefällsverhältnissen und deren Veränderungen, häufig auch bestehenden örtlichen Verhältnissen angepaßt werden.

Trotz mehrerer solcher Räderausführungen liegen Bremsversuche noch nicht vor. Es mußte, wie das meistens bei Wasserrädern der Fall ist, schwieriger Zugänglichkeit beim Triebwerk oder sonstiger ungünstiger örtlicher Verhältnisse, manchmal auch großer Kosten wegen vom Bremsen Abstand genommen werden. Seitens sämtlicher Empfänger ist nach Mitteilung des Erfinders auf eine Bremsung verzichtet, weil die Garantie für 72 bis 75 % Wirkungsgrad nach Maßgabe der Leistung als reichlich erfüllt betrachtet wurde; selbst bei einer städtischen Wasserversorgungsanlage in Westfalen wurde von einer Bremsung abgesehen, da der Nutzeffekt des Braun'schen Wasserrades aus der wirklichen Förderhöhe, dem garantierten Wirkungsgrad der Pumpe und dem geförderten Wasserquantum ziemlich genau festgestellt werden konnte.

Bei dieser Beobachtung habe sich ergeben, daß der mit 75 % garantierte Nutzeffekt des Rades nicht nur erreicht, sondern sicher um 5 % überschritten worden sei.

Auf Grund des Vorstehenden und der vielfachen Erfahrungen des Ingenieurs Braun, Direktor des Polytechnischen Arbeitsinstituts in Darmstadt, die er mit mehreren nach seiner Bauart ausgeführten Wasserrädern zum Betrieb für Mühlen, Papier- und Porzellanfabriken, Holzschleifereien, Pumpwerksanlagen u. s. w. gemacht hat, war die Überzeugung zu gewinnen, daß mit einem in jeder Beziehung richtig angelegten und ausgeführten derartigen Wasserrad anstandslos 80 % Nutzeffekt erreicht werden können.

Braun'sches Wasserrad mit Überfalleinlauf zum Betrieb einer Hochdruckwasserleitung.

Das Rad wurde für folgende mittlere Wasser- und Gefällsverhältnisse ausgeführt:

Mittlere Wassermenge i. d. Sek.	$Q =$	2,500 cbm
Mittleres Gefälle	$H =$	1,860 m
Maximalwassermenge	$Q_{max.} =$	2,750 cbm
Maximalgefälle	$H_{max.} =$	2,360 m
Raddurchmesser	$D =$	7,000 „
Radbreite im Licht	$B =$	2,750 „
Radiale Tiefe	$a =$	1,100 „
Schaufelzahl	$Z =$	56
Umdrehungen i. d. Minute	$n =$	3,5
Umfangsgeschwindigkeit i. d. Sek.	$v =$	1,285 „

Bestandteile des Wasserrades.

1	Wasserradwelle Flußeisen, 6 m lang, 320 mm dick	3500 kg
3	gußeiserne achtarmige Wasserradrosetten	2250 „
24	„ Beilagen mit Aussparungen	960 „
24	Wasserradarme U-Eisen, je 2,1 m lang, 180 mm hoch	1100 „
72	Armschrauben	125 „
3	Blechkränze $D = 4800/3800$, 10 mm dick	1550 „
168	Schaufelstiele aus Blech 7 mm	2700 „
168	L-Eisen zur Auflage der Schaufeln	2250 „
	Div. Nietenköpfe und Schaufelschrauben	285 „
168	Schaufelunterlagschienen	235 „
	Gesamtgewicht:	14955 kg

Braun'sches Wasserrad zum Betrieb einer Porzellanfabrik.

Wasserrad mit Überfalleinlauf, für folgende Verhältnisse angelegt:

Mittlere Wassermenge i. d. Sek.	$Q = 1{,}500$ cbm
Mittleres Gefälle	$H = 1{,}850$ m
Raddurchmesser	$D = 5{,}250$ „
Radbreite im Licht	$B = 2{,}000$ „
Radiale Tiefe	$a = 1{,}050$ „
Schaufelzahl	$Z = 42$
Umdrehungen i. d. Minute	$n = 5$
Umfangsgeschwindigkeit i. d. Sek.	$v = 1{,}370$ „

Bestandteile des Wasserrades.

1	Wasserradwelle, 4,10 m lang, 220 mm dick, mit gußeisernen Buchsen	1427 kg
2	Wasserradrosetten, 1,30 m Dtr., 320 mm Bohrg.	1213 „
4	Flachkeile zu den Rosetten	19 „
16	gußeiserne Beilagen	266 „
48	Schrauben	47 „
84	Schienen	117 „
680	Schaufelschrauben	75 „
16	Radarme U-Eisen, je 1,515 m lang, 176 mm breit	} 3214 „
2	Radkränze 3500/2500, 10 mm dick	
84	Schaufelstiele L-Eisen	
	Gesamtgewicht:	6378 kg

Die Leistung dieses Rades ist nach einer Bemerkung des Ing. Braun eine ganz hervorragende und befriedige die Besitzer in hohem Maße.

Wasserräder für außergewöhnliche Verhältnisse.

Dieser Abschnitt umfaßt Motoren für solche Anlagen, welche sich von den für die einzelnen Radsysteme angegebenen Grenzwerten durch starke Abweichung an Gefälle oder verfügbarer Wassermenge bemerkbar machen.

Als solche Ausnahmen seien bezeichnet:

1. Große Wassermenge mit geringem Gefälle, wobei die Radachse auf feststehender Grundlage ruht.
2. Große Wassermenge im Schußgerinne mit bedeutender Durchflußschnelle, wobei die Radachse gehoben oder gesenkt wird.
3. Mittlere oder kleine Wassermenge, womit eine beträchtliche Gefällsänderung verbunden ist.
4. Wasserrad mit zwei verschiedenen Zuflüssen von ungleicher Gefällshöhe (Zellenrad, Schaufelrad).

1. Große Wassermenge mit geringem Gefälle, wobei die Radachse auf feststehender Grundlage ruht.

Zu Ziffer 1 zählen diejenigen Lokale, bei welchen das Gefälle in der Regel unter 0,75 m beträgt. Hier handelt es sich meistens um Ausnützung größerer Wasserläufe mit veränderlichen Wasserspiegeln, wobei von der Anlage einer oder mehrerer Turbinen abgesehen werden muß. Da die Energie des Motors hauptsächlich von der zum Aufschlag gelangenden Wassermasse abhängig ist, vollziehen die Räder ihre Bewegung fast mit gleichbleibender Geschwindigkeit und kommt die Veränderung der Wasserstände mehr durch die wechselnde Kraftleistung zum Ausdruck, die Umdrehungszahl erleidet bei einer Gefällsabnahme eine nur unwesentliche Einbuße. Die Schaufelfläche ist aus diesem Grunde ausreichend groß zu bemessen und die Eintauchung im Unterwasser sorgfältig nach Maßgabe der Schwankung des Unterwasserspiegels zu bestimmen.

Erstes Beispiel.

Es sei gegeben:

$$H = 0{,}65 \text{ m}$$
$$Q = 4 \text{ cbm i. d. Sek.}$$

Verlangt werde ein Wirkungsgrad von 70 % und ein Nutzeffekt von etwa 25 Pferdekräften. Das Rad ist für einen überseeischen Besteller und infolgedessen so zu konstruieren, daß der Transport und hauptsächlich die Aufstellung mit geringsten Schwierigkeiten verbunden sein soll.

Wir wählen eine Umfangsgeschwindigkeit von nicht über

$$v = 1{,}75 \text{ m i. d. Sek.}$$

und einen Raddurchmesser, den wir nach der neuen Formel:

$$D = 2\left(H + h_t + \frac{h_{t\,max.} - h_t}{2}\right) + \frac{1}{H} = 2\left(0{,}65 + 0{,}65 + \frac{1{,}05 - 0{,}65}{2}\right) + \frac{1}{1{,}53}$$
$$= \text{rd. } 4{,}6 \text{ m}$$

jedoch unter Berücksichtigung der beträchtlichen Schaufelbreite zu $D = 5{,}6$ m bestimmen; dementsprechend ergiebt sich eine Umdrehungszahl von:

$$n = \frac{60 \,.\, v}{D \,.\, \pi} = \frac{105}{17{,}59} = \text{rd. } 6 \text{ i. d. Minute.}$$

Der Füllungsgrad betrage 0,5; die Schaufelzahl $Z = 30$. Gestatten die örtlichen Verhältnisse, die Schaufelbreite mit $B = 3{,}5$ m auszuführen (unter vorliegenden Umständen muß mit einem Aufschlag von 1000 bis 1200 Liter für den Meter Radbreite gerechnet werden), so ergiebt sich die Eintauchung im Unterwasser zu:

$$h_t = D - \frac{Q \,.\, 60}{\varepsilon \,.\, k \,.\, a \,.\, B \,.\, \pi \,.\, n} = D - \frac{4 \,.\, 60}{0{,}5 \,.\, 0{,}9 \,.\, 1{,}4 \,.\, 3{,}5 \,.\, 3{,}14 \,.\, 6} = 0{,}65 \text{ m},$$

die radiale Tiefe wird passend $a = \frac{0{,}65}{0{,}5 \,.\, 0{,}9} = \text{rd. } 1{,}4$ m angenommen. Die Konstruktion des Radkörpers erfolgt entsprechend den für Schaufelräder geltenden Grundsätzen, wobei die Durchbildung der Einzelheiten unter Berücksichtigung des verlangten Nutzeffekts zu erfolgen hat.

Kosten und Gewicht des Motors stellen sich wie folgt:

Wasserrad.

3 gußeiserne zusammengehobelte und verschraubte Rosetten mit 6 schmiedeeisernen Nabenringen, 6 Stahlkeile;
6 Radsegmente mit aufgenieteten Schaufelstielen und Radarmen aus U-Profileisen samt Laschen, Nieten, Schaufelschienen und 860 Schaufelschrauben.

Gewicht ca. 6500 kg: M. 3055.—

1 Wasserradwelle aus Stahl, 5,50 m lang, 240 mm dick, mit 2 eingedrehten Lagerzapfen.

Gewicht ca. 2000 kg: M. 920.—

Preis des Rades ohne Schaufeln: M. 3975.—

Getriebe.

1 Stirnrad mit 108 HK., 2,808 m Dtr., 38 π Teilung, 210 mm Zahnbreite, zweiteilig verschraubt,
1 Trieb 36 E. Z., 0,936 m Dtr., 212 mm Zahnbreite,

zusammen ca. 2500 kg: M. 1200.—

Preis: M. 5175.—

Um die Aufstellung am Bestimmungsort so einfach als möglich zu gestalten, ist der Radkörper für den Versand folgendermaßen herzustellen:

Die Rosetten werden zweiteilig gegossen, zusammengehobelt ausgeführt, um jede halbe Rosette mit den zugehörigen Armen und einem halben Radkranz schon am Herstellungsplatz fertig zu vernieten, derart, daß sechs halbe Kranzsysteme vollständig zusammengestellt von der Fabrik abgehen. Am Montierungsplatz wären die Rosetten zu verschrauben, die Naben mittels warm aufzuziehender Ringe zu binden und die Schaufelkränze durch Keile und Schrauben oder rotwarm geschlagene Nieten zu schließen.

Die Holzschaufeln werden am Bestimmungsort angefertigt. Das Rad ist, wie alle übrigen Beispiele, der Wirklichkeit entnommen.

Beim Bau von Wasserrädern für diese Verhältnisse ist auf Gefällsverluste besonderes Augenmerk zu richten, die durch ungünstige Abmessungen der Zu- und Ablaufkanäle, teilweise auch durch enge Rechen verursacht werden; hauptsächlich kommt dieser Gesichtspunkt bei solchen Anlagen in Betracht, welche keine Änderung der Oberwasserspiegelhöhe durch Aufstau zulassen. Beispiele derartiger Wasserkräfte bilden u. a. die Kanalanlagen in größeren Städten, im Flachland, woselbst bedeutende Wassermengen durch gemeinschaftliche Kanäle abgeführt werden, in welche eine Anzahl Wasserräder eingebaut und meistens für hydraulische Motoren nur geringe Gefälle verfügbar sind. Unter solchen Umständen spielt der durch Rechen oder ungünstige Kanalquerschnitte verursachte Gefällsverlust eine ganz wesentliche Rolle; hier handelt es sich vornehmlich um die richtige Bemessung der Radgeschwindigkeit, damit die volle verfügbare Wassermenge ausgenützt und hoher Nutzeffekt erzielt, dagegen die Leistung nicht durch Rückstau herabgezogen wird und benachbarten Werken dadurch Vorteile erwachsen. Vielfach versucht man auch den freien Durchfluß durch selbstthätige Rechenreinigung zu sichern. Zur Ausnützung derartiger Wasserkräfte eignen sich erfahrungsgemäß ausschließlich nur Schaufelräder, Turbinen müssen dabei völlig außer Betracht bleiben.

Zweites Beispiel.

Für ein städtisches Elektrizitätswerk war die Wasserkraft einer Mahlmühle verfügbar und giebt Tafel XXXIII Aufschluß über die ungünstigen örtlichen Verhältnisse derselben. Der verfügbare Raum im Wasserbau war derart beschaffen, daß die Wasserkraft nur durch Räder ausgenützt werden konnte. Bei 5,2 cbm mittlerem Zufluß i. d. Sek. stellten sich die Nutzeffekte bei verschiedenen Wasserständen folgendermaßen:

Gefälle $H = 1,50$ m günstigstes Gefälle 75 Pferdekräfte
„ $H = 1,25$ „ mittleres „ 60 „
„ $H = 1,05$ „ kleinstes „ 50 „

Bei der beschränkten nutzberechtigten Grundfläche der Wasserstube mußte von Aufstellung eines Rades Abstand genommen werden, ebenso trat die Notwendigkeit heran (um die Zuströmungsrichtung des Wasserlaufs günstig auszunützen), die Anlage zweier Wasserräder in schiefer Stellung zur Gebäudemauer anzuordnen.

Beide Wasserräder wurden mit 6,5 m Durchmesser, 2,65 m Breite, $5^1/_2$ bis 6 Umgängen i. d. Minute entworfen. Der mittlere Effekt für jedes Rad ist 35 Pferdekräfte, die Schaufelzahl 36.

Die Gesamtaufstellungskosten der zwei Motoren mit gußeiserner Lagerung im Wasserbau, Triebwerksanlage, zwei Fallenaufzügen, drei lösbaren Reibungskupplungen, Transmission, Betriebsriemen für Transmission und Dynamos, sowie einem Geschwindigkeitsregulator belaufen sich auf M. 37500.

Für Turbinen wäre der verfügbare Raum nach jeder Richtung unzureichend gewesen, da bei der großen Schwankung des Gefälles deren mehrere hätten aufgestellt werden müssen, wozu im Ein- sowie im Auslaufkanalprofil nicht genügend Platz vorhanden, auch unter Berücksichtigung nebenliegender Werke eine günstige Ausnützung der Wasserkraft nicht zu erwarten war.

2. Große Wassermenge im Schußgerinne mit bedeutender Durchflußschnelle, wobei die Radachse gehoben oder gesenkt wird. (Tafel XXXI.)

Unter Ziffer 2 entfallen diejenigen Wasserräder, bei welchen eine Teilung der Wasserkraft anundfürsich geboten ist, oder verschiedene Betriebe, welche unabhängig voneinander in einfacher Weise in und außer Thätigkeit gesetzt werden sollen, an einundderselben Wassergasse liegen.

Bei solchen Anlagen wird das einzelne Rad entsprechend der verlangten Leistung gehoben oder gesenkt, die Zapfenunterlagen sind auf Balken, welche in Drehpunkten schwingen, gelagert, das sog. Pansterzeug durch Kettenzüge beweglich. Der Nutzeffekt wird durch den Luftwiderstand und die größere Zapfenreibung abgeschwächt, auch nimmt das gegen die Schaufeln treffende Wasser nicht vollkommen die mittlere Radgeschwindigkeit v_1 an, da es zum

Teil unbehindert durch die großen Spalten entweicht und nicht vollständig zur Wirkung gelangt; immerhin läßt sich ein für die Praxis annehmbarer Wirkungsgrad durch passende Krümmung der Schaufeln und Verminderung der Umfangsgeschwindigkeit erzielen. Letztere beträgt erfahrungsgemäß $v = 0{,}4 \cdot c$.

Für ein Mühlenwerk an der Saale wurde vom Verfasser ein unter diese Einteilung fallendes Wasserrad nach folgenden Grundlagen ausgeführt:

Die im Kanal mit einer Geschwindigkeit $c = 6$ bis 7 m i. d. Sekunde fließende Wassermenge, welche mehrere Räder hintereinander betreibt, ist zu 8 bis 9 cbm i. d. Sek. angenommen, die Schaufelbreite aus örtlichen Rücksichten zu $B = 3{,}65$ bis 3,75 m bestimmt, die Leistung mit 45 HP. vorgeschrieben worden. Das Wasserrad ist an zweiter Stelle eingesetzt.

Die übrigen Größenverhältnisse des ausziehbaren Rades waren:

Durchmesser	$D = 5{,}20$ m
Radiale Tiefe	$a = 1{,}05$ „
Schaufelzahl	$Z = 30$
Umdrehungszahl i. d. Minute	$n = 9$ bis 9,5

Die Umfangsgeschwindigkeit betrug somit $v = \frac{D \cdot \pi \cdot n}{60} = 2{,}5$ m i. d. Sek.

Im übrigen sei auf die Zeichnung Tafel XXXI verwiesen.

Verzeichnis der einzelnen Teile.

Anzahl	Gegenstand	Gewicht
1	Wasserradwelle aus Stahl, 7,230 m lang, 305/255/220 mm dick	3040 kg
1	sechsarmige Rosette, 255 mm Bohrung, zweiteilig	610 „
2	„ „ 305 „ „ „	1330 „
6	Stahlkeile	26 „
6	Nabenringe	93 „
	Schmiedeeiserner Radkörper:	
9	Radsegmente mit je 8 aufgenieteten Schaufelstielen	1988 „
18	Arme U-Profileisen mit 18 angenieteten Schaufelstielen	1004 „
18	Laschen, 90 Schaufelschienen, Nieten	202 „
720	Schaufelschrauben	90 „
2	Wasserradlager mit Bronzeschalen, Sohlen und Schutzdeckel	217 „
1	Führungslager	53 „
	Steinschrauben	16 „
		8669 kg

Preis des Wasserrades ohne Schaufeln: M. 3800.—.

3. Mittlere oder kleinere Wassermenge mit erheblicher Gefällsänderung. Tafel XXIV.

Eine Wasserkraft soll zur Ausnützung gelangen, bei welcher 200 bis 400 Sek/liter und ein Gefälle von 5,25 m zur Verfügung stehen; die effektive Leistung beträgt somit 10,5 bis 21 Pferdekräfte. Unter normalen Verhältnissen wäre hier ein oberschlächtiges Rad am Platze, der Wasserlauf mündet jedoch auf kurze Entfernung in einen großen See, wobei sich jedes Jahr wenigstens einmal der Unterwasserspiegel auf längere Zeit um ca. 0,70 m erhebt, auch sind noch stärkere und meistens langandauernde Gefällsverminderungen durch Steigen des Seespiegels in Rechnung zu nehmen.

Baurat Zuppinger hatte für dieses Lokal ein rückschlächtiges, ausziehbares hölzernes Kübelrad projektiert, welches jedoch im Hinblick auf die schwierige Lösung der Frage betreffs des Wassereintritts nicht zur Ausführung gelangte. Verfasser brachte ein auf fester Grundlage ruhendes, rückschlächtiges eisernes Schaufelrad mit Überfalleinlauf nach Tafel XXIV in Vorschlag, dessen Leistungsvermögen und Gangfähigkeit wenig zu wünschen übrig läßt.

Die Dimensionen des Rades sind:

Durchmesser	$D = 7{,}500$ m
Radbreite	$B = 1{,}400$ „
Schaufelzahl	$Z = 56$
Radiale Tiefe	$a = 1{,}025$ „
Umdrehungszahl i. d. Minute	$n = 3^1/_4$ (normal)
Tauchung im Unterwasser bei normalem Gefälle	$h_t = 0{,}220$ m
Tauchung bei hohen Seestand, jedes Jahr einmal	$h_{t\,max.} = 0{,}910$ „
Armzahl	$A = 8$

Unter Zugrundlegung einer sekundlichen Wassermenge von 365 Liter und eines Wirkungsgrades von 75 % ist auf eine Leistung von:

$$N_n = \frac{1000 \,.\, Q \,.\, H \,.\, 0{,}75}{75} = \frac{1000 \,.\, 0{,}365 \,.\, 5{,}25 \,.\, 0{,}75}{75} = 19 \text{ Pferdekräfte}$$

zu rechnen.

Bei der Tourenzahl des Rades von $3^1/_4$ i. d. Minute ergiebt sich die Umfangsgeschwindigkeit:

$$v = \frac{\pi \,.\, 7{,}5 \,.\, 3{,}25}{60} = 1{,}28 \text{ m/sek.}$$

Dieselbe geht bei starker Eintauchung der Schaufeln etwas zurück und zwar nach Maßgabe der Wasserbewegung im Unterkanal, so daß bei hohem Seestand das Rad nur etwa $2^3/_4$ Umdrehungen i. d. Minute vollzieht. Die größte zulässige Tauchung, wobei das Rad noch gangfähig bleibt, ist $h_{t\,max.} = 1{,}55$ m. Bei $2^3/_4$ Umdrehungen des Rades i. d. Minute wird die Wassergeschwindigkeit im Schwerpunkt der Schaufelfüllung annähernd:

$$v_1 = \frac{\pi \,.\, 7{,}3 \,.\, 2{,}75}{60} = 1{,}05 \text{ m i. d. Sek.}$$

Der Füllungsgrad stellt sich auf:

$$\varepsilon = \frac{Q}{a \,.\, b \,.\, v \,.\, k} = \frac{0{,}365}{1{,}025 \,.\, 1{,}40 \,.\, 1{,}05 \,.\, 0{,}88} = 0{,}3$$

Die Erhebung des Unterwasserspiegels tritt hauptsächlich im Frühjahr zurzeit der Schneeschmelze ein, wobei die Triebwassermenge ebenfalls wächst und der Füllungsgrad bis zu 0,5 ansteigen kann. Der Winkel, um den die Schütze gegen den Horizont geneigt steht, beträgt $\measuredangle\, \varphi = 26^0\, 33'\, 55''$.

Die Übersetzungsverhältnisse der Getriebe sind beim ersten Stirnräderpaar 1 : $5^1/_2$ Eisen in Eisen, beim zweiten 1 : $4^1/_2$ Holz in Eisen und beim ersten Riemenvorgelege 1 : 3; Tourenzahl des letzteren $n = 80$ i. d. Minute; das weitere Riemenvorgelege betreibt eine elektrodynamische Maschine.

Verzeichnis der einzelnen Teile.

1	Wasserradwelle aus Siemens-Martinstahl, 3,80 m lang, 240/210 mm dick	985 kg
2	gußeiserne Rosetten, achtarmig, mit 4 schmiedeeis. Nabenringen	1060 „
2	Wasserradlager mit Bronzeschalen und Sohlen	
	1 Stück 140 mm Bohrung } mit 4 Steinschrauben	160 „
	1 „ 195 „ „ } mit 4 Steinschrauben	268 „
	Schmiedeeiserner Radkörper.	
2	äußere Flachringe, $D = 7{,}05$ m, 90×12, mit Laschen	
2	mittlere Flachringe, $D = 6{,}06$ m, 60×12	
2	innere Winkelringe, $D = 5{,}10$ m, $100 \times 50 \times 10$, mit Laschen	
112	aufgenietete Schaufelstiele $75 \times 55 \times 7$	
16	Streben flach 70×12	
112	Schaufelschienen 40×4	
392	Schaufelfedern	4000 „
16	Einlagplatten für die Radarme 140×7	
16	Radarme, U-Eisen $153 \times 65 \times 7{,}5$	
76	Rosettenschrauben mit konischem Schaft	
16	Diagonalverbände $75 \times 55 \times 7$ mit 8 Platten	
16	Platten für die Verbindung der Arme mit dem Schaufelkranz	
1	gußeisernes Überfallkropfstück mit schmiedeeis. Fallengestelle und Aufzugsvorrichtung	807 „
		7280 kg
	Preis des Rades:	M. 3200.—
56	Radschaufeln aus Forchenholz mit Hartholzvorschaufeln, 1,40 m lang, 1,40 m tief, vorn 32 mm, hinten 25 mm dick, mit Rückschaufeln 190×24, ca. 125 qm, à M. 4.50	„ 562.50
	Gesamtkosten des Wasserrades:	M. 3782.50

(Die Posten von „2 äußere Flachringe“ bis „16 Platten … Schaufelkranz“ sind durch eine Klammer zu 4000 kg zusammengefaßt.)

4. Zwei Zuflüsse von verschiedener Gefällshöhe auf einem Wasserrad.

Zellenrad.

Die Lösung vorliegender Aufgabe ist bei Anlage eines oberschlächtigen Wasserrades nicht besonders schwierig; die Dimensionen des Zellenkranzes müssen mit Rücksicht auf die volle, zum Aufschlag kommende Triebwassermenge berechnet und die Austrittsverluste in zulässiger Grenze gehalten werden.

Was dem Konstrukteur einiges Nachdenken verursachen dürfte, mag in der Wahl des Einlaufs für das zweite, in bestimmter Tiefe unter dem ersten eintretende Aufschlagwasser liegen. Hat man nur mit einem Quantum bis zu hundert Sek./Lit. zu thun, so kann der Zufluß von beliebiger Richtung aus durch eine Rohrleitung oder in offenem Kanal erfolgen und wird über einen Überfall von entsprechend geringerer Ausdehnung, als die Zellenbreite beträgt, eingeführt.

Bei Ausführung ist nicht außeracht zu lassen, daß bei verhältnismäßig geringer Wassergeschwindigkeit über den Überfall die Radgeschwindigkeit einen nicht zu hohen Wert erlangt, da in solchem Falle Wasserverluste hervorgerufen würden.

Aus diesem Grunde empfiehlt es sich, für die zweite Wasserkraft das Rad an seinem unteren Teile mit einem Kropf zu versehen, der bei einem Aufschlag, welcher 200 Sek./Liter überschreitet, wohl kaum zu entbehren sein dürfte. Solchen Anlagen haftet jedoch immer etwas Gekünsteltes an, weshalb dem Ingenieur sorgfältigste Prüfung der bestehenden Verhältnisse und ein auf reifliche Überlegung gegründetes Vorgehen anempfohlen wird. Als Richtschnur möge dienen, daß der Kostenaufwand immer in richtigem Verhältnis zur erreichbaren Leistung steht und der Kapitalwert relativ schwacher Kräfte täglich an Bedeutung verliert.

Schaufelrad.

Bei einem Schaufelrad läßt sich die doppelte Speisung nicht wohl anwenden, da sie konstruktive Schwierigkeiten im Gefolge hätte; dagegen kann man zwei dicht nebeneinander gelagerte Räder auf eine Achse setzen und durch entsprechende Wahl des Durchmessers derselben eine gute Übereinstimmung der Füllung, Umfangsgeschwindigkeit u. s. w. beider Motore erzielen. Unter gewissen Voraussetzungen ließe sich auch das Schaufelrad mit einem solchen nach .dem System Millot kombinieren, doch mögen die Ausführungskosten dem Techniker eine sehr beachtenswerte Grenzmarke bedeuten!

Dem Maschinenbauer werden sich in der Praxis noch manche andere, hier nicht weiter angeführte Spezialfälle darbieten, welche jedoch weder mit allgemeinen Regeln umschrieben, noch weniger im Voraus zergliedert werden können. Bei solchen Anlagen hilft die Erfahrung, das praktische Erfassen und das gesunde Urteil anderer, welch letzterem auch der gewandteste Fachmann nicht ganz entraten kann, zum Ziel.

So laufen zum Betrieb von Holzschleifereien, Hammer- und Walzwerken die Wasserräder mit auffallend hoher Umfangsgeschwindigkeit, um eine verhältnismäßig große Wassermenge aufzunehmen. Für eine Holzschleiferei z. B. war ein oberschlächtiges Wasserrad, Dtr. $= 9{,}90$ m, $B = 2$ m, $a = 0{,}32$ m, $Q = 0{,}5$ bis 1 cbm i. d. Sek. $N_n = 50 \div 90$ HP. auszuführen, dessen Umdrehungszahl mit 5 bis 7 i. d. Minute vorgeschrieben, ebendaselbst war ein solches Rad in Holz mit einem Antriebrad, Dtr. $= 7$ m (1 : 3) schon vorhanden und ist man nach mancherlei Versuchen (auch mit höherer Übersetzung, also langsamerem Gang des Rades) schließlich zu dieser Übersetzung und zugleich zu dem Entschluß gekommen, das neue Rad nebst Vorgelegen genau so auszuführen wie das bestehende.

Radgeschwindigkeit: $v = \frac{\pi \,.\, 9{,}9 \,.\, 5 \div 7}{60} = 2{,}6 \div 3{,}6$ m/sek.

Wassermenge bei $1/2$ Füllung und 7 Umdrehungen:

$$D_1 = D - 2a + \frac{a}{2} = 9{,}90 - 2 \,.\, 0{,}32 + \frac{0{,}32}{2}$$

$Q = 3{,}45 \,.\, 2 \,.\, 0{,}16 \,.\, 0{,}95 = 1{,}050$ cbm/sek.

Sechster Abschnitt.

Schaufelräder mit Kulisseneinlauf.

Vorbemerkungen.

Beim Überfalleinlauf kommt den Schaufelrädern ein erheblich größerer Raddurchmesser zu, als die Höhe des verfügbaren Gefälls es bei sonstigen Konstruktionen bedingt; man wäre daher bei einem Abstand des Ober- und Unterwasserspiegels von 3,50 m und darüber genötigt, Wasserräder mit außergewöhnlich großem Durchmesser anzuwenden. Um mit einer Radhöhe, die 7,50 m nicht überschreitet, auskommen und damit noch Gefälle bis etwa 5 m sorgfältig ausnutzen zu können, wird das Wasser durch eine Zungenschütze (Kulisseneinlauf) eingeführt, welche gestattet, den mittleren Eintrittspunkt um etwa 0,5 m tiefer zu legen und die Einlaufstelle dem veränderlichen Oberwasserstand anzupassen. Anzahl der Öffnungen im Kulisseneinlauf meistens = 3.

Das Rad wird mit einem Kropf umgeben, seine Konstruktion ist bezüglich der Einzelheiten im allgemeinen dem vorher behandelten System ähnlich. Die Hinterflächen der Schaufeln sollen vom einfließenden Strahl nicht getroffen werden, was durch zweckmäßige Stellung der Leitbleche großenteils vermieden werden kann. Der Einlaufbogen liegt in größerer Tiefe unter dem Oberwasserspiegel, dementsprechend sind die Eintrittsgeschwindigkeiten ebenfalls verschieden, die Leitschaufelrichtung ist für jede Öffnung besonders auszuführen, die Ausflußgeschwindigkeit aus derselben bestimmt sich zu:

$$c = 0{,}92 \text{ bis } 0{,}94 \sqrt{2\,g\,h}$$

Die Umfangsgeschwindigkeit wird nach bewährten Ausführungen passend zu

$$v = 1{,}35 \text{ bis } 1{,}50 \text{ m i. d. Sekunde}$$

angenommen; ihre Steigerung über 1,75 m hinaus ist mit Rücksicht auf das bedeutende Radgewicht und dadurch verursachte Verminderung des Wirkungsgrades nicht zu empfehlen.

Die Schaufeln können bezüglich Anzahl, Stellung und Krümmung nach der Grundform ausgebildet werden, wie bei Rädern mit Überfalleinlauf, außerdem geben nachfolgende Beispiele aus der Praxis weitere Anhaltspunkte zur Ausführung dieser Räder.

Die Eintrittsverluste sind hier infolge vermehrter Reibungsfläche und höherer Geschwindigkeit verhältnismäßig größer als bei Rädern mit Überfalleinlauf; da die Kulissenschütze jedoch nur bei höheren Gefällen Anwendung findet, so kommt dieser Nachteil nicht so sehr in Betracht, überdies erreicht der Wirkungsgrad annähernd die gleiche Höhe, wie bei Rädern mit frei überfließendem Wassereintritt.

Daß das Güteverhältnis hier nicht mit dem Gefälle zunimmt, wie erwartet werden sollte, rührt teils vom Effektverlust beim Wassereinfluß, der Winkelgeschwindigkeit des Rades und dem vermehrten Spaltverlust her, letzterer ist bei hohen Gefällen infolge des starken Wasserdruckes immer bedeutend. Außerdem tritt bei allen Schaufelrädern, welche die Beaufschlagung über dem Niveau der Radwelle erhalten, der mißliche Umstand ein, daß beim Eintritt die Resultierende im Kräfteparallelogramm weniger tangential zum Radumfang liegt, als bei andern Systemen. Dadurch entsteht gegen die Radachse ein Stoß, der nicht im Sinne der Drehung nutzbar wird; außerdem kann man auch durch die relativ beste Konstruktion nicht ganz vermeiden, daß die Hinterflächen der Schaufeln vom einfließenden Strahl gestoßen werden.

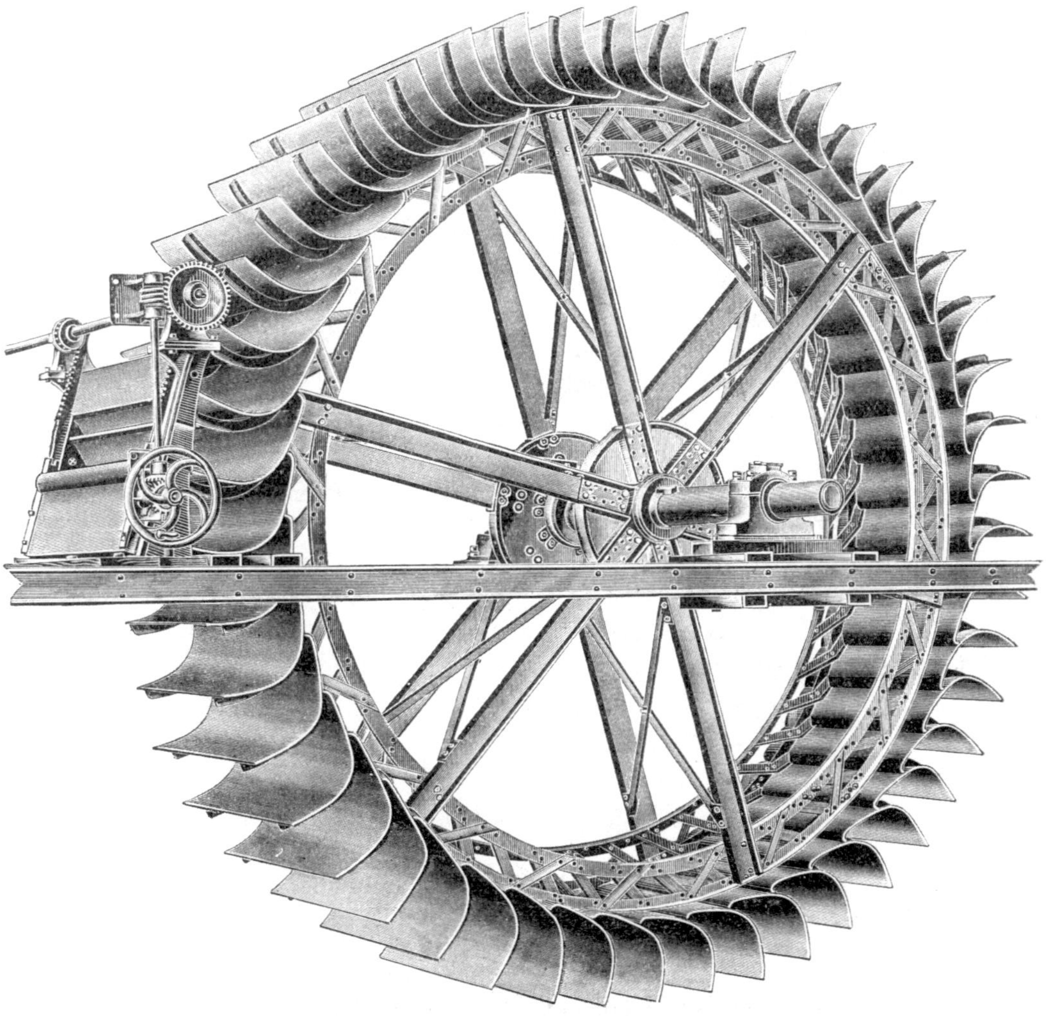

Fig. 33. Schaufelrad mit Kulisseneinlauf.

Diesem Übelstand könnte durch Verminderung der radialen Tiefe entgegengearbeitet werden, was jedoch mit Rücksicht auf passende Anordnung der Leitbleche (um die Ausflußöffnungen nicht übermäßig zu verengen) vermieden werden muß.

Die Lichtweite der Kulissen wählt man gewöhnlich zwischen 60 und 80 mm, und zwar die größere Weite für tiefer gelegene Öffnungen, welche nur bei stärkerer Beaufschlagung benützt werden.

Berechnung des Kulisseneinlaufs.

Zur Berechnung des Kulisseneinlaufs sei nachfolgendes Beispiel: „Wasserrad einer elektrischen Zentrale, verbunden mit einer Mahlmühle", gewählt (Taf. XXIX).

Die Wassermenge der Echatz ist im Laufe des Jahres sehr veränderlich und wird oberhalb Reutlingen zu 1800 Liter max. i. d. Sek. angenommen. Die Klostermühle in Pfullingen hat $^5/_8$ derselben anzusprechen, somit 1125 Liter i. d. Sek. Hier wurde im Jahre 1893 das Elektrizitätswerk errichtet. Es sind drei Öffnungen am Einlauf des Wasserrades angeordnet und ergiebt sich nach graphischer Bestimmung bei der ersten Kulisse:

$$\text{tang}\ \alpha = 0{,}5 \quad \text{Winkel}\ \alpha = 26^0\ 33'\ 50'',$$

die Eintrittsgeschwindigkeit $c = 2{,}14$ m/sek. Hiernach wäre die Druckhöhe zur Erzeugung dieser Geschwindigkeit:

$$h_1 = 0{,}112\ \frac{2{,}14^2}{2\ .\ 9{,}81} = 0{,}262\ \text{m}$$

zu nehmen; da der Oberwasserspiegel veränderlich ist, muß die Kulisse tiefer gesetzt werden und zwar sei:

$$h_1 = 0{,}35\ \text{m Lichtweite} = 70\ \text{mm}.$$

Aus der Konstruktionszeichnung ergiebt sich ferner:

$$h_2 = 0{,}53\ \text{m Lichtweite} = 70\ \text{mm}$$
$$h_3 = 0{,}71\ \text{„} \quad \text{„} \quad = 80\ \text{„}$$

Die lichte Einflußbreite der Kulissenschütze beträgt 2,05 m. Durch die einzelnen Öffnungen fließen:

I. Kulisse (obere)

$$q_1 = 2{,}05\ .\ 0{,}07\ .\ 0{,}94\ \sqrt{2\,g\,.\,0{,}35} = 0{,}354\ \text{cbm/sek.}$$

II. Kulisse (mittlere)

$$q_2 = 2{,}05\ .\ 0{,}07\ .\ 0{,}93\ \sqrt{2\,g\,.\,0{,}53} = 0{,}430\ \text{cbm/sek.}$$

III. Kulisse (untere)

$$q_3 = 2{,}05\ .\ 0{,}08\ .\ 0{,}92\ \sqrt{2\,g\,.\,0{,}71} = 0{,}563\ \text{cbm/sek.}$$

somit: $q_1 + q_2 = 0{,}784$ cbm (mittlere Wassermenge)

desgleichen: $q_1 + q_2 + q_3 = 1{,}347$ cbm (größter Zufluß, d. i. ein Fünftel mehr als nach Vereinbarung).

Messungen am Elektrizitätswerk Pfullingen,

aufgenommen am 16. März 1894 durch die Ingenieure W. Lotter, W. Müller, R. Flatt und Studierende der Kgl. Baugewerkeschule Stuttgart.

Der Betriebsmotor ist ein rückschlächtiges, aus Schmiedeeisen gebautes Wasserrad, mit 48 evolventenförmig gebogenen, nach hinten schiefgestellten Holzschaufeln, stählerner Radwelle, Kulisseneinlauf und doppelter Regulierschütze.

Die Konstruktion des Einlaufs wurde mit Rücksicht auf die veränderliche Aufschlagwassermenge und leichte Regulierbarkeit des Rades ausgebildet, um mit einem mäßigen Raddurchmesser (bei etwa 3,50 m Gefälle) auszukommen und nicht zu geringe Umlaufszahl i. d. Minute und schroffe Übersetzungsverhältnisse zu erhalten; hierdurch werden bei kleinen Wasserständen die zu bewegenden toten Lasten nicht erheblich ins Gewicht fallen und bei verschiedenen Füllungen ein hoher Wirkungsgrad erzielt; derselbe bleibt auch bei vermindertem Aufschlag, bis herab auf $^1/_4$ des normalen annähernd auf derselben Höhe. Der Kulisseneinlauf ist derart berechnet, daß die obere Öffnung 354 Sek./Liter, die nächste 430 Sek./Liter und die unterste 563 Sek./Liter durchlassen, so daß die beiden oberen Kulissen zusammen den Mittelwasserstand, alle drei den größten Zufluß, der durch das Rad noch verarbeitet werden kann, welcher zu 1350 Sek./Liter bestimmt ist, aufnehmen. Gleichzeitig gestattet die Anordnung mit zwei Schützen eine rasche und sichere Handregulierung des Motors, oder Anbringung eines selbstthätigen Geschwindigkeitsregulators; es hat sich jedoch gezeigt, daß der Gang des Rades ein derart gleichförmiger ist, daß die mitbeteiligte elektrotechnische Fabrik von Aufstellung eines solchen Apparates Umgang genommen hat.

Durch Vertiefung des Untergrabens wurde ein Gesamtgefälle von etwa 3,50 m gewonnen, und beträgt die effektive Leistung des Rades

bei	600	Sek./Liter	= 21	Pferdekräfte
„	1000	„	= 35	„
„	1350	„	= 47	„

Der Raddurchmesser ist 7 m, die Breite der Schaufeln 2,20 m, die normale Umdrehungszahl = 4 i. d. Minute.

Das Wasserrad mit dem ersten Übersetzungsgetriebe (136 : 34 Eisen in Eisen) ist in einem besonderen Mittelbau zwischen Mühlen- und Elektrizitätsgebäude untergebracht. Die Verbindung des Elektrizitätswerkes mit einer Mahlmühle brachte es mit sich, die Kraft durch ein konisches Räderpaar, 124 : 36 Holz in Eisen, zuerst in den Mühlenraum und durch ein weiteres konisches Räderpaar, 120 : 40 Holz in Eisen, in den Maschinenraum zu leiten. Von der dritten Welle aus findet die Kraftübertragung durch Riemenvorgelege, welche während des Ganges auslösbar sind, auf die Dynamomaschine statt, welche 875 Umdrehungen i. d. Minute machen soll. Dieselbe verbraucht bei voller Inanspruchnahme nach Angabe der A. E. G. Berlin 28,5 Pferdekräfte.

Die Mühle enthält vier Mahlgänge und einen Gerbgang mit den nötigen Hilfsmaschinen, die Anordnung ist derart, daß die Mahlgänge und deren Zubehör jederzeit in oder außer Betrieb gesetzt werden können, ohne den Motor abstellen zu müssen, so daß der Mühlenbetrieb, die Ladung der Akkumulatoren, sowie Erzeugung elektrischen Lichtes unabhängig voneinander und ununterbrochen stattfindet.

Zuzeiten, wo kein Lichtbedarf besteht, oder einer der Betriebe stillsteht, sind diejenigen Transmissionsteile, welche nicht in Thätigkeit zu sein brauchen, ausgelöst, um unnötige Reibungsarbeit zu vermeiden.

Am 16. März 1894 wurden mit der Anlage Messungen vorgenommen, um die Größe der Bruttowasserkraft und den wirtschaftlichen Wirkungsgrad des Elektrizitätswerks festzustellen.

Zu diesem Zwecke sind folgende Erhebungen gemacht worden.

1. Wassermessungen.

Etwa 1 m vor der Leerschußfalle wurde an einer geeigneten Stelle des rechtwinkligen betonierten Zuflußkanals ein Querschnitt aufgenommen und in demselben acht Punkte auf vier Ordinaten markiert.

Die Geschwindigkeitsmessung in diesen Punkten geschah mit zwei Woltmann'schen Flügeln in der Art, daß von links nach rechts durch das Profil mit einem Flügel von Müller und unmittelbar darauffolgend, mit einem Flügel der Kgl. Baugewerkeschule Stuttgart die Wassergeschwindigkeiten beobachtet wurden. Gleichzeitig fanden die Messungen der Ober- und Unterwasserstände alle 5 Minuten statt.

Innerhalb 50 Minuten wurden sechs Wassermessungen ausgeführt.

I. Messung.

Flügel von Müller.

Zeit: Anfang 2 h. 40, Schluß 2 h. 55

Flügelumgänge.

	A	B	C	D
oben	70	81	94	93
unten	61	66	79	82

Flügel der Kgl. Baugewerkeschule.

Zeit: Anfang 2 h. 42, Schluß 2 h. 57.

Tourenablesungen.

	A	B	C	D
oben	318	593	481	571
unten	49	99	177	261

Flügelumgänge.

	A	B	C	D
oben	57	75	88	90
unten	49	50	78	84

Beobachtungsdauer der Flügelumdrehungen je 60 Sekunden.

Mittel: 78,25 Umgänge in 60 Sek.

$$\frac{78{,}25}{60} = 1{,}34 \text{ in 1 Sekunde.}$$

Mittel: 71,375 Umgänge in 60 Sek.

Konstante:

$v = 0{,}018 + 0{,}229\,n$ (n i. d. Sek.)
$= 0{,}3248$ m/sek.

$v = 0{,}049 + 0{,}004175\,n$ (n i. d. Min.)
$= 0{,}049 + 0{,}004175 \,.\, 71{,}375$
$= 0{,}347$ m/sek.

Sohlenhöhe im Mittel 1,773 m.

Abstiche auf O. W. Spiegel:	2 h. 40	= 0,950 m
	2 h. 45	= 0,950 „
	2 h. 50	= 0,955 „
	2 h. 55	= 0,957 „
	Mittel:	= 0,953 m

Wassertiefe: $1{,}773 - 0{,}953 = 0{,}820$ m

Querschnitt: $4{,}150 \,.\, 0{,}820 = 3{,}403$ qm.

Wassermenge:

$Q = 3{,}403 \,.\, 0{,}3248 = 1105$ L. $\qquad Q = 3{,}403 - 0{,}347 = 1180$ L.

Während der ganzen Beobachtungsdauer floß ein Teil des gemessenen Wasserquantums unbenützt über die Leerschußfalle. Die übergefallene Wassermenge ist bei einer lichten Abflußbreite von 1,715 m und 50 bis 45 mm Überfallhöhe zu 47 Sek./Liter berechnet worden.

Die durch den Motor aufgenommene Wassermenge ist daher von 2 h. 40 bis 2 h. 55:

$$Q = \frac{(1105 - 47) + (1180 - 47)}{2} = 1091 \text{ Liter i. d. Sek.}$$

II. Messung.

Flügel von Müller.					Flügel der Kgl. Baugewerkeschule.				
Zeit: Anfang 3 h. —, Schluß 3 h. 10.					Zeit: Anfang 3 h. 02, Schluß 3 h. 12				
Flügelumgänge.									
	A	B	C	D		A	B	C	D
oben	64	77	97	100	oben	59	133	220	306
unten	52	63	77	80	unten	355	410	484	559

$$\frac{559}{8} = 69{,}875$$

Beobachtungsdauer der Flügelumdrehungen je 60 Sekunden.

Mittel: 76,25 Umgänge in 60 Sekunden.

$$\frac{76{,}25}{60} = 1{,}27 \text{ Umgänge i. d. Sekunde.}$$

Konstante:

$v = 0{,}018 + 0{,}229 \,.\, 1{,}27$
$= 0{,}309$ m/sek.

$v = 0{,}049 + 0{,}004175 \,.\, 69{,}875$
$= 0{,}3407$ m/sek.

Absticheauf O. W. Spiegel: 3 h. 00 = 0,958 m
3 h. 05 = 0,960 „
3 h. 10 = 0,955 „
Mittel = 2,873 : 3 = 0,9576 m

Wassertiefe: 1773 — 0,9576 = 0,815 m

Querschnitt: 4,150 . 0,815 = 3,382 qm.

Wassermenge:

$Q = 3{,}382 \,.\, 0{,}309 = 1045$ L. i. d. Sek. $Q = 3{,}382 \,.\, 0{,}341 = 1153$ L. i. d. Sek.

Die Überfallhöhe über der Leerschußfalle war bei dieser Beobachtung 40 bis 45 mm, das verlorengegangene Wasserquantum zu 42 Liter i. d. Sek. angenommen.

Die verbrauchte Wassermenge betrug somit:

$$Q = \frac{(1045 - 42) + (1153 - 42)}{2} = 1057 \text{ Liter i. d. Sek.}$$

III. Messung.

Flügel von Müller.					Flügel der Kgl. Baugewerkeschule.				
Zeit: Anfang 3 h. 13, Schluß 3 h. 27.					Zeit: Anfang 3 h. 17, Schluß 3 h. 30				
	A	B	C	D		A	B	C	D
oben	59	82	98	93	oben	311	388	426	480
unten	53	80	76	82	unten	51	144	182	256

Beobachtungsdauer der Flügelumdrehungen je 60 Sekunden.

Mittel: $\frac{77{,}875}{60} = 1{,}298$ Umdr. i. d. Sek. Mittel: $\frac{480}{8} = 60$ Umdr. i. d. Minute.

Wassergeschwindigkeiten:

$v = 0{,}018 + 0{,}229 \,.\, 1{,}298$ $\quad$ $v = 0{,}049 + 0{,}00475 \,.\, 60$

$= 0{,}315$ m/sek. $\quad$ $= 0{,}2995$ m/sek.

Absticke auf O. W. Spiegel: 3 h. 15 = 0,974 m

3 h. 20 = 0,963 „

3 h. 25 = 0,969 „

3 h. 30 = 0,975 „

Mittel = 3,881 : 4 = 0,970 m.

Wassertiefe: 1,773 — 0,970 = 0,803 m

Querschnitt: 4,150 . 0,803 = 3,324 qm.

Wassermenge:

$Q = 3{,}324 \,.\, 0{,}315 = 1047$ L. $\quad$ $Q = 3{,}324 \,.\, 0{,}2995 = 996$ L.

Die Überfallhöhe über der Leerschußfalle betrug 25 bis 37 mm. Das verlorengegangene Wasserquantum wurde zu 30 Liter i. d. Sek. bestimmt.

Die verbrauchte Wassermenge betrug somit:

$$Q = \frac{(1047 - 30) + (996 - 30)}{2} = 992 \text{ Liter i. d. Sek.}$$

2. Messung des elektrischen Effektes.

Gleichzeitig mit den Wasser- und Gefällsmessungen wurde die elektromotorische Energie, welche die Dynamomaschine lieferte, an den Instrumenten der Schalttafel beobachtet. Tabelle VI enthält die betreffenden Ablesungen. Aus denselben berechnet sich der elektrische Effekt.

I. Versuchsreihe.

Anfang 2 h. 45, Schluß 2 h. 55.

$VA = 150 \,.\, 111{,}4 = 16710$ Watt.

II. Versuchsreihe.

Anfang 3 h. 00, Schluß 3 h. 10.

$VA = 150 \,.\, 112 = 16800$ Watt.

III. Versuchsreihe.

Anfang 3 h. 15, Schluß 3 h. 30.

$VA = 150 \,.\, 110{,}5 = 16575$ Watt.

Mittelwert = 16675 Watt.

Ergebnisse.

Mit Rücksicht auf Wassermessung, Gefällsmessung bei den Pegeln und Ablesung an den elektrischen Meßinstrumenten waren mehrere Beobachter zu gleicher Zeit thätig, die Uhren derselben wurden gleichgerichtet, jeder notierte seine Beobachtungen stets mit Zeitangabe.

Tabelle VI enthält ausschließlich diese Aufzeichnungen.

Tabelle VII die aus denselben berechneten Ergebnisse.

Zu den Messungen ist noch folgendes zu bemerken: Der Pegel für Ablesung des O. W. Sp. war 11 m, derjenige für den U. W. Sp. 6 m vom

Tabelle VI.

Versuchsresultate am Elektrizitätswerk Pfullingen.

Zeit	Wasserstände				Meßprofil $b = 4{,}150$ m		Tourenzahlen i. d. Minute			Ablesungen am Schaltbrett			
	Ober-wasser-Abstich	Unter-wasser-Abstich	Überfall	Gefälle	Wasser-tiefe	Quer-schnitt	Haupt-welle	Vor-gelege	Dynamo-Masch.	Voltmeter Accumult-Spannung	Ampère-meter I Ladung	Ampère-meter II Maschine	Ampère-meter III Fernleitg.
2.40	0,950	0,916	0,050	3,336	0,823	3,415	154	332	890				
2.45	0,950	0,916	0,050	3,336	0,823	3,415	153	328	900	111	106	150	44
2.50	0,955	0,919	0,045	3,334	0,818	3,395	153	329	908	111,3	106	150	44
2.55	0,957	0,924	0,043	3,337	0,816	3,386	153	331	904	111,8	110	150	40
3.00	0,958	0,924	0,042	3,336	0,815	3,382	153	332	918	111,9	110	150	40
3.05	0,960	0,922	0,040	3,332	0,813	3,374	153	331	908	112	110	150	40
3.10	0,955	0,921	0,045	3,336	0,818	3,395	153	329	910	112,1	110	150	40
3.15	0,974	0,923	0,026	3,328	0,799	3,316	153	330	909	110	111,5	150	38,5
3.20	0,963	0,922	0,037	3,329	0,810	3,362	153	330	914	110	111	150	39
3.25	0,969	0,927	0,031	3,328	0,804	3,337	153	329	909	110	111	150	39
3.30	0,975	0,936	0,025	3,331	0,798	3,312	153	330	908	110,2	110,5	150	39,5
3.35	0,990	0,932	0,010	3,312	0,783	3,249	153	330	906	110,3	110,5	150	39,5

Umfang des Rades entfernt, das am Motor wirksame Gefälle somit um den Durchgangsverlust am Rechen und einen Teil des aufgewendeten Kanalgefälls kleiner, als in der Tabelle angegeben. Ebenso zeigte sich, daß durch zu tiefe Stellung der beiden Schützen am Kulisseneinlauf eine ungünstige Drosselung des Oberwasserspiegels stattfand.

Leider konnte sich der Werksbesitzer wegen mangelhaften Zustandes seines Stauwehrs nicht entschließen, die Wehrfalle zu öffnen, um das überschüssige Wasser vor Eintritt in den Messungsquerschnitt zu entlassen. Die Folge davon war, daß das Wasser zu tief in die Schaufeln hineingetrieben wurde, starker Rückstoß und Wasserverlust stattfand, das Rad somit unter anormalen Verhältnissen arbeitete; außerdem hatte dasselbe gegen eine Stauung von etwa 20 cm im Untergraben, welche durch den verengten Abflußgraben entstand, anzukämpfen, die jedoch heute durch die Echatzregulierung beseitigt ist. Trotz dieser für den Nutzeffekt des Wasserrades ungünstigen Verhältnisse und unter Berücksichtigung des Umstandes, daß bei der Elektrizitätsanlage durch Verbindung mit einem Mühlwerk die Kraftübertragung nicht in rationeller Weise unmittelbar beim Betriebsmotor erstellt werden konnte, ergiebt sich der wirtschaftliche Wirkungsgrad des Elektrizitätswerks immer noch so hoch, als für die Praxis erwartet werden darf. Derselbe stellt sich aus sämtlichen Messungen, als Mittelwert berechnet, wie folgt:

Das durchschnittliche Gefälle betrug: $H = 3{,}333$ m.

Die verbrauchte Wassermenge im Mittel: $Q = 1047$ Sek./Liter.

Die absolute Wasserkraft somit: $N_a = \frac{1000\ Q\ H}{75} = 46{,}52$ Pferdekräfte.

Nach Angabe der Allgemeinen Elektrizitäts-Gesellschaft Berlin (Hilfsbuch zur Anf. v. Projekten u. Kostenanschl., Berlin 1894) hat die Dynamomaschine Type G. 150 normal:

Spannung in Volt		= 120
Stromstärke in Ampère		= 150
Gesamtleistung in Watt	etwa	= 18000
Umdrehungen i. d. Minute	etwa	= 870
Kraftverbrauch	etwa	= 28,5 Pferdekräfte.

Letzterem entspricht ein absoluter elektrischer Effekt: $28{,}5 \times 736 = 20976$ Watt, was auf ein Güteverhältnis der Dynamomaschine von: $\frac{18000}{20976} =$ rd. 85 % schließen läßt, die Dynamomaschine empfing somit einen Effekt von $\frac{22{,}8}{0{,}85} = 26{,}8$HP.

Die vom Wasserrad geleistete Arbeit betrug annähernd:

$$N_n = 46{,}52 \,.\, 0{,}75 = \text{rd. } 35 \text{ HP.}$$

Die bei der Gesamtanlage verlorengehenden 50 % verteilen sich auf die einzelnen Faktoren ungefähr in folgendem Verhältnis:

Hydraulischer Motor	= 25 %
Transmissionswiderstand	= 7 „
Gleitverlust der beiden Riemen	= 3 „
Verlust in der Dynamomaschine	= 15 „
Zusammen	= 50 %

Tabelle VII.

Rechnungsresultate am Elektrizitätswerk Pfullingen.

Zeit		Werte im Mittel					
					Dynamomaschine		
von	bis	Gefälle	Wassermenge	Bruttoeffekt der Wasserkraft	Effekt in Voltampère	Effekt in Pferdekräften	Wirtschaftlicher Wirkungsgrad
2 h. 40	2 h. 55	3,336	1,091	48,53	16710	22,70	0,468
3 h. 00	3 h. 10	3,335	1,057	47,00	16800	22,83	0,486
3 h. 15	3 h. 30	3,329	0,992	44,03	16515	22,44	0,510

Nachfolgende Übersicht, deren Ziffern Ingenieur LOTTER von der Firma WILH. REISSER in Stuttgart, durch welche der elektrische Teil dieser Anlage eingerichtet worden war, nachträglich zur Kontrolle an Präzisionsinstrumenten aufgenommen hat, zeigt, daß die am 16. März 1894 gemachten Ablesungen, soweit es die am Schaltbrett befindlichen Apparate gestatteten, ziemlich genau waren und deshalb eine Änderung der Zahlenwerte in Tabelle VII nicht nötig sein dürfte.

Zeit	Touren	Voltmeter Maschine	Ampmeter I Ladung	Ampmeter II Maschine	Ampmeter III Fernltg.
3.00	890	149	70	115	45
3.05	900	152	65	110	45
3.10	908	154	65	110	45
3.15	908	155	65	110	45
3.20	904	156	65	107	45
3.25	908	157	60	105	45
3.30	900	158	60	105	45

Verzeichnis der einzelnen Teile.

1	Fallengestell zum Leerlauf, 2 m Lichtweite, 2 m Höhe, aus [-Profil, 200 × 76 und 175 × 72	} 618 kg
1	desgleichen zur Vorfalle, 2,50 m Lichtweite, 2 m Höhe	
2	Fallenzüge mit schmiedeeisernen Zahnstangen zu 1 Vorfalle und 1 Leerschußfalle	611 „
1	Kulisseneinlauf mit 4 Blechzungen, 5 mm dick	1760 „
3	Steinschrauben	12 „
2	Regulierfallen aus Eichenholz, 20 + 8,50	} 216 „
1	Rechen in 2 Segmente à 25 Stäben	
1	U-Eisen Balken mit Schrauben	61 „
	Eisenteile zu 2 Regulierfallenzügen, 1 Welle 3100 × 50, 4 Zahnstangen, 2 Schneckenräder	400 „
	desgleichen	226 „
1	Fallenzugwelle zur unteren Schütze am Kulisseneinlauf	81 „

Wasserrad.

2	Wasserradlager mit Sohlen und Bronzeschalen, 180 × 250	400 „
2	achtarmige Rosetten, 240 und 285 mm Bohrg., mit 4 Keile und 4 Nabenringe	1597 „
1	Wasserradwelle aus Siemens-Martinstahl, 4,35 m lang, 285 und 240 mm dick	1631 „

Schmiedeeiserner Radkörper.

8	Radsegmente mit je 12 aufgenieteten Schaufelstielen	} 4710 „
16	Arme, U-Profileisen 200	
16	Streben, 75 × 55 × 9	
96	Schaufelschienen, 24 Blechplatten	
8	Laschen, 3340 Nieten	
96	Rosettenschrauben mit konischem Schaft, 100 × 22	
1056	Schaufelschrauben	142 „

Getriebe.

1	Stirnrad, zweiteilig verschraubt, 136 E. Z., 3,4377 m Dtr., 79,4 mm Tlg., 225 mm breit, 240 mm Bohrung, 2 Stahlkeile, 12 Schrauben, 2 Nabenringe, Splinten	2461 kg
1	Stirntrieb 36 E. Z., 0,8594 m Dtr., 79,4 mm Tlg., 225 mm breit, 145 mm Bohrg.	410 „
1	Vorgelegwelle, 2200 mm lang, 145 mm dick	267 „
1	Bodenlager mit Sohle und Bronzeschalen, 120 × 190	112 „
1	„ „ „ „ „ 95 × 160	74 „
1	„ „ „ „ „ 80 × 160	58 „
1	doppelte Winkellagersohle mit 3 Bodenlager mit Bronzeschalen	298 „
1	konisches Rad mit 124 Doppelkammern, 62,92 mm Tlg., 160 mm breit, 145 mm Bohrg., 2,48 m Dtr.	916 „
1	Welle mit Wellkopf und Feder, 5000 × 80 × 105	431 „
1	„ „ „ „ „ 3600 × 95 × 115	
1	Klauenkupplung „Hildenbrandt“, 95 mm Bohrg.	215 „
1	konischer Trieb 36 E. Z., 62,92 mm Tlg., 0,712 m Dtr., 168 mm breit, 115 mm Bohrg., zum Ausrücken	190 „
1	Ausrückvorrichtung zum konischen Trieb	27 „
1	konischer Trieb 36 E. Z., 60 mm Tlg., 0,721 m Dtr., 168 mm breit, 115 mm Bohrg.	187 „
1	Winkellagersohle mit 2 Bodenlager	158 „
1	Bodenlager mit Sohle, 95 × 160	74 „
1	konisches Rad 120 HK., 53,7 mm Tlg., 128 mm breit, 115 mm Bohrg., 2,0485 m Dtr.	655 „
1	konischer Trieb 40 E. Z., 53,7 mm Tlg., 128 mm breit, 105 mm Bohrg., 0,616 m Dtr.	120 „

Lichtvorgelege.

1	Schwungradscheibe, 1170 × 215 × 75 Dtr.	320 „
1	Riemscheibe, 1500 × 300 × 80 „	239 „
1	Leerscheibe mit Hülse 1500 × 300 × 80 „	255 „
1	Kuch's Patentölbecher N. 1	
1	Bodenlager mit Sohle und Bronzeschalen, 95 × 160	74 „
1	Scheibe, 700 × 245 × 75 Dtr., mit 1 Keil	73 „
1	„ 700 × 300 × 75 „	90 „
1	Sellerslager mit Sohle, 2 Steinschrauben	46 „
1	desgleichen mit Hohlgußdeckel, 400 mm hoch, 80 × 320	124 „
2	„ „ Sohlen und Steinschrauben	192 „
1	„ „ Hohlgußbock, 800 mm hoch, 60 × 280	119 „
1	Welle, 2730 × 95 × 115	433 „
1	„ 6250 × 80 × 125	
1	Winkellagersohle mit 2 Bodenlager mit Bronzeschalen	158 „
1	Welle, 1800 × 75	53 „
1	Riemenausrücker zur Dynamomaschine	92 „
1	Ausrück-Knarre	5 „

Rückschlächtiges Wasserrad mit Kulisseneinlauf für ein Sägwerk.

(Tafel XIII.)

Raddurchmesser	$D = 7{,}50$ m
Radbreite	$B = 2{,}20$ „
Nutzbares Gefälle	$H = 4{,}07$ „
Wassermenge i. d. Sekunde	$Q = 500$ bis 1000 Liter
Radiale Tiefe	$a = 1{,}250$ m
Schaufelzahl	$Z = 48$
Verhältniszahl	$i = \frac{D}{Z}\ \frac{7{,}50}{48} = 0{,}156$
Schaufelteilung	$t = i\,.\,\pi = 0{,}4908$ m
Armzahl	$A = 8$
Umdrehungen i. d. Minute	$n = 4$

Umfangsgeschwindigkeit $v = \frac{\pi\,.\,D\,.\,n}{60} = \frac{94{,}248}{60} = 1{,}57$ m . d. Sek.

Wassergeschwindigkeit im Schwerpunkt d. Schaufelfüllung $v_1 = \frac{\pi . D . n}{60} = \frac{3{,}14\,.\,7{,}12\,.\,4}{60} = \frac{89{,}4272}{60} = 1{,}49$ „

Wassermenge bei voller Füllung des Rades

$22\,.\,12{,}5 = 275{,}00$

hiervon wegen Verengung durch Konstruktionsglieder ab 11 % $= 30{,}25$

$= 244{,}75$

$Q = 14{,}9\,.\,244{,}75 = 3650$ Liter i. d. Sek.

Das Rad wird somit gefüllt:

bei 500 Liter i. d. Sek. auf $\frac{500}{3650} = 0{,}14$

„ 1000 „ „ „ „ $\frac{1000}{3650} = 0{,}27$

„ 1400 „ „ „ „ $\frac{1400}{3650} = 0{,}38$

Der geringe Füllungsgrad ist mit Rücksicht auf den ungleichen Kraftbedarf und die stark wechselnde Inanspruchnahme der Konstruktionsglieder beim Sägwerksbetrieb gewählt. Überdies dürfen Räder, bei welchen der Wassereintritt über der Radachse erfolgt, nicht mit hohem Füllungsgrad arbeiten, da sonst bei der großen Eintrittsgeschwindigkeit und der zur Wasserbewegung ungünstigen Lage der Schaufel Wasserverluste durch Überfließen über die innere Schaufelkante zu befürchten sind.

Tangente des Winkels α, unter welchem die Kulisse an den Radumfang anschließt: tang $\alpha = 0{,}4$.

Weite der oberen Kulisse $= 0{,}06$ m
„ „ mittleren „ $= 0{,}08$ „
„ „ unteren „ $= 0{,}09$ „

Es fließen durch den Kulisseneinlauf:

I. Kulisse	$q_1 = 0{,}94 \,.\, 2{,}10 \,.\, 0{,}06 \sqrt{2\,g \,.\, 0{,}334}$	$= 0{,}30$ cbm i. d. Sek.
II. „	$q_2 = 0{,}93 \,.\, 2{,}10 \,.\, (0{,}08 \,.\, 0{,}85) \sqrt{2\,g \,.\, 0{,}514}$	$= 0{,}42$ „ „
III. „	$q_3 = 0{,}92 \,.\, 2{,}10 \,.\, 0{,}09 \sqrt{2\,g \,.\, 0{,}673}$	$= 0{,}69$ „ „
	$q_1 + q_2 + q_3$	$= 1{,}41$ cbm.

Bei normaler Beaufschlagung fließen durch die untere Kulisse noch $q_3 = 1 - (0{,}30 + 0{,}42) = 0{,}28$ cbm. Tieflage des mittleren Eintrittspunktes unter dem Oberwasserspiegel bei normaler Beaufschlagung $x = 0{,}492$ m.

Absolute Eintrittsgeschwindigkeit $c = 0{,}93 \sqrt{2\,g \,.\, 0{,}492} = 2{,}79$ m.

$Q = 1000$ Liter.

Berechneter Arbeitsverlust:

beim Eintritt 1,42 % + 5,94 %	= 7,36
Spaltverlust	= 1,60
Wasserreibung	= 0,50
Zapfenreibung	= 1,25
beim Austritt ($c_2 = 1$ m) 0,22 % + 2,59 %	= 3,81
	14,52 %

Mit Rücksicht auf Luftwiderstand und sonstige Unvollkommenheiten abgerundet = 16 %

Berechneter Wirkungsgrad	= 0,84
Garantierter „ etwa 0,96 . 0,84	= 0,80

Entsprechend einer Nutzleistung in Pferdestärken $N_n = 45{,}60$ HP.

$Q = 1{,}40$ cbm. Drei Kulissen offen.

Berechneter Arbeitsverlust:

beim Eintritt 1,64 % + 5,77 %	= 7,42
Spaltverlust	= 1,25
Wasserreibung	= 0,50
Zapfenreibung	= 1,00
Austritt	= 2,95
	13,12 %

$Q = 0{,}30$ cbm. Obere Kulisse offen.

Berechneter Arbeitsverlust:

beim Eintritt 0,80 % + 5,71 %	= 6,52
Spaltverlust	= 3,00
Wasserreibung	= 1,40
Zapfenreibung	= 3,00
Austritt	= 2,75
	16,67 %

Wir erhalten also für

Q cbm =	0,30	1,00	1,40
berechnete Arbeitsverluste =	16,67	13,92	13,12 %
Abrundung auf =	18	16	15,50 %
entsprechend theoretischer Wirkungsgrad =	0,82	0,84	0,845

Garantierter Nutzeffekt 75 bis 80 %.

Der Eintrittsverlust ist ziemlich konstant, ebenso der Verlust beim Austritt, die übrigen Verluste wachsen mit abnehmender Füllung.

Die obere Kulisse nimmt den kleinsten Wasserstand mit 250 Liter auf.

Dauer des kleinsten Standes		= 2 Monate
„ „ normalen „	(1000 L.)	= 9 „
„ „ Standes mit 500 Liter		= 1 „

Tauchung im Unterwasser bei 1000 L. $h_t = 400$ mm
„ „ „ „ 1400 „ $h_t = 500$ „
„ „ „ „ 300 „ $h_t = 250$ „

Verzeichnis der einzelnen Teile.

Wasserrad.

1	Wasserradwelle aus Stahl, 4,30 m lang, 285/285/260 mm dick	1735 kg
2	achtarmige Rosetten mit Keile und Nabenringe	1478 „
2	Wasserradlager mit Bronzeschalen und Hohlgußsockel	600 „
8	Ankerschrauben, 8 Platten und 3 Steinschrauben	178 „

Schmiedeeiserner Radkörper.

16	Wasserradarme, U-Eisen	1620 „
8	Radsegmente mit aufgenieteten Schaufelstielen	3433 „
16	Streben, Laschen, Schienen	283 „
16	∟-Streben, 8 Platten	395 „
960	Schaufelschrauben	126 „
	Nieten	98 „

Kulisseneinlauf.

1	Kulisseneinlauf mit 2 ausziehbaren Kulissen	1698 „
2	schmiedeeiserne Zahnstangen, 2 Scheren	57 „
1	Welle mit 2 Trieben und 1 kon. Getrieb	275 „

Getriebe.

1	Stirnrad, zweiteilig, 136 E. Z., 3,417 m Dtr., mit 2 Keile, Schrauben und Nabenringe	2625 „
1	Stirntrieb 34 E. Z.	403 „
1	Vorgelegwelle 2,20 m lang, 160 mm dick	340 „
1	Wandkasten mit Bodenlager	254 „
1	Bodenlager mit Bronzeschalen, 160 mm Bohrg. und Sohle	170 „
1	Stirnrad 156 HK., 58 mm Tlg.	1108 „
1	Stirntrieb 39 E. Z., 0,72 m Dtr.	161 „
1	Lagerbock mit Bodenlager und Schrauben	659 „

Kosten der Wasserradanlage mit Getriebe etwa Mk. 7500.—.

Siebenter Abschnitt.

Wasserräder mit Spannschütze.

Unterschlächtiges Wasserrad, Wirkungsweise und Anwendungsgrenze desselben.

Rückt man den Punkt, an welchem die Einströmung in das Rad erfolgt, mehr nach unten, sodaß der wasserhaltende Bogen des Radumfangs die geringste Ausdehnung aufweist, die Teilbeaufschlagung somit am kleinsten wird, gelangt man zum unterschlächtigen Rad, dessen Grundform sowohl beim gewöhnlichen Stoßrad mit geraden Schaufeln, als auch beim Kropfrad mit gebogenen Schaufeln, sowie beim Ponceletrad wiederkehrt.

Am unterschlächtigen Rad, welches allein durch Stoßwirkung arbeitet, und am sogenannten Schiffsmühlrad hat die unmittelbare Einwirkung des Wassergewichts aufgehört; es kommt allein die lebendige Kraft des Wasserstroms als treibendes Moment zum Ausdruck. Die Schwerkraft erzeugt hier nur die Geschwindigkeit (c) für den Wassereintritt und erreicht als Maximum:

$$c = \sqrt{2\,g\,H} \qquad \text{(43)}$$

Betrachten wir diese Anfangsgeschwindigkeit zuerst für das Rad mit geraden Schaufeln, welches wohl der billigste (weil einfachste) aber auch sehr unvollkommene Motor zur Ausnützung von Wasserkräften mit kleinem Gefälle ist, so finden wir, daß der Wert dieser Geschwindigkeit durch den Stoß auf die Umfangsschnelle der Schaufeln herabgebracht wird. Die verlorengehende Geschwindigkeit stellt die Arbeitsleistung dar.

Die Erfahrung ergiebt für das Maximum der Leistung als günstigste Radgeschwindigkeit:

$$v = 0{,}45\,\sqrt{2\,g\,H} \qquad \text{(44)}$$

erreicht somit nicht einmal die Hälfte der zu Gebote stehenden Arbeitsgröße, mit andern Worten verliert das Rad nutzlos mehr als die Hälfte der Kraft des verfügbaren Gefälles. Bei Ausführungen erhebt sich deshalb auch der Wirkungsgrad nicht über 35 %.

Schiffsmühlrad (Tafel XXX).

Werden die beiden Wasserradlager auf ein Pansterzeug zum Heben und Senken des Rades gestellt, so erhält man das Schiffsmühlrad, welches die an einer Stelle unmittelbar vorhandene lebendige Kraft eines Wasserlaufs aufnimmt, die Wirkungsweise hat sich dadurch nicht verändert, der Wirkungsgrad bleibt unbestimmt, weil die verfügbare Wassermenge, auf welche der gewonnene Nutzeffekt bezogen werden müßte, von den übrigen Verhältnissen des Stroms beeinflußt wird.

Besitzt das Wasser keinen hinreichend schnellen Lauf, so wird auch die gewonnene Arbeit unbedeutend sein, praktisch gelangt man zu dem Ergebnis, daß das Rad etwa die Hälfte der Geschwindigkeit des Wasserlaufs erlangt und die vom Rad aufgenommene nützliche Arbeit sich mit der dritten Potenz der Geschwindigkeit ändert.

Der Durchmesser beträgt im allgemeinen $D = 4$ bis 5 m.

Die Nutzleistung dieses Rades ohne Gerinne kann nach folgender Formel von MORIN, wenn S den eingetauchten Teil der Schaufelfläche bezeichnet, berechnet werden:

$$N = 1{,}07\, S\, c\, (c - v)\, v \quad \ldots \ldots \quad (45)$$

Damit die ganze Wassermenge, welche dem Rade zufließt, auch zur Wirkung gelangt, sollen immer zwei Schaufeln gleichzeitig eintauchen und zwar so, daß wenn die erste Schaufel sich aus dem Wasser hebt, eine dritte einzutauchen beginnt.

Weitaus günstiger in seiner Wirkungsfähigkeit stellt sich das unterschlächtige Kropfrad mit gebogenen Schaufeln. Bei diesem Rad ist zu berücksichtigen, daß das Stoßgefälle nur einen Teil des ganzen Gefälles H ausmache, da dasselbe auch im besten Falle nicht in demselben Grade ausgenützt werden kann, als das Druckgefälle. Von der Schaufelzahl, Schaufelform und den übrigen Einzelheiten gilt für die verbesserte Konstruktion dieses Systems auch das für mittelschlächtige Räder Maßgebende, der Wirkungsgrad ist jedoch infolge größer angenommener Geschwindigkeiten kleiner als dort, doch ist es Sache der Ausführung, durch geringe Spielräume der Schaufeln im Kropf, zweckmäßige Konstruktion der Schütze und Verminderung des Stoßgefälles auf ein praktisch zulässiges Maß den Nutzeffekt zu steigern (Tafel XXXII).

Der Wirkungsgrad nimmt wesentlich nicht mit dem Gefälle zu, weshalb sich auch die Radhöhe mehr nach den besonderen Bedingungen des Aufstellungsortes richtet, der größte Raddurchmesser betrage $D = 6$ m, entsprechend einem Maximalgefälle $H = 1{,}75$ m. Bezüglich der Konstruktion nehmen wir an, daß auf dem kurzen Wege, welcher zwischen Schütze und Schaufeln liegt, eine wesentliche Veränderung der Geschwindigkeit des eintretenden Wasserstrahls nicht stattfinde.

Die Wassertiefe vor der Schütze beträgt $h = 0{,}5$ bis 0,8 m, die Ausflußgeschwindigkeit ist wegen Reibung des Wassers an der Schützmündung kleiner als die theoretische und zwar für Druckhöhen, wie sie hier vorkommen, im Verhältnis von 0,96 : 1. Demnach wird

$$c = 0{,}96 \sqrt{2\, g\, h} \quad \ldots \ldots \quad (46)$$

Hiernach läßt sich die Umfangsgeschwindigkeit des Rades aus dem Kräfteparallelogramm bestimmen. Die radiale Tiefe der Schaufeln wählt man zwischen den Grenzen $a = 0{,}75$ bis 1,20 m und berechnet die Eintauchtiefe im Unterwasser in gleicher Weise, wie bei Rädern mit Überfalleinlauf. Infolge größerer Radgeschwindigkeit gelangt man zu verhältnismäßig geringeren Tauchungen, als bei dem System mit langsamem Gang und da die Räder einen Rückstau im Abzugsgraben weniger vertragen können, wird die Tauchung etwas geringer angenommen als die Rechnung ergiebt, um bei veränderlichem Wasserzufluß den Nachteil eines zu tiefen Standes zu vermeiden.

Der als Grundlage für die Berechnung der Radbreite bei Überfallrädern abgeleitete Ausdruck geht hier über in die Form:

$$\frac{Q}{B} = 0{,}4 \text{ bis } 0{,}6 \quad \ldots\ldots\ldots\ldots \quad (47)$$

wonach die Schaufelbreite in Meter bei unterschlächtigen Rädern mit Spannschütze im Mittel:

$$B = 2\,.\,Q \quad \ldots\ldots\ldots\ldots \quad (48)$$

mit Vorbehalt späterer genauer Festlegung gesetzt werden mag; die berechnete Größe wird nach Dezimeter aufgerundet. Auch bei diesen Rädern sollen sich die Schaufeln aus dem Unterkanal heben, ohne Wasser emporzunehmen, was bei dem verhältnismäßig raschen Gang besonders berücksichtigt werden muß.

Die Kraftmessung an einem unterschlächtigen Wasserrad: Durchmesser $D = 4{,}64$ m, Schaufelbreite $B = 2{,}38$ m bei 0,95 m radialer Tiefe und Schaufelzahl $Z = 30$, das für ein Gefälle $H = 0{,}93$ m und eine sekundliche Wassermenge von $Q = 1{,}75$ cbm eingebaut war, hatte folgendes Ergebnis.

Die Bremsrolle war auf dem ersten Vorgelege angebracht. Das Stirnrad auf der Wasserradwelle hatte 112 E. Z., das Getriebe auf der Vorgelegwelle 36 E. Z. Das Rad übertrug durchschnittlich 66 % der absoluten Wasserkraft auf die erste Vorgelegwelle; da durch die Räderübersetzung und den Lagerdruck einige Prozent verlorengehen, so ist ein Effektverhältnis von 68 % erreicht. Für die Messung der Wassermenge wurde die schiefe Arbeitsfalle des Rades benützt. Die Öffnung derselben war im Licht 2,19 m weit, die Neigung der Schütze gegen den Horizont betrug $62^1/_2{}^0$; Kontraktion fand oben und an beiden Seiten statt und ist die verbrauchte Wassermenge i. d. Sek. unter Anwendung des Kontraktionskoeffizienten $k = 0{,}70$ berechnet, wobei allerdings die Wassermessung mit der Arbeitsfalle nicht auf große Genauigkeit Anspruch machen kann.

Die günstigste Radgeschwindigkeit ergab sich zu:

$$v = 1{,}75 \text{ m i. d. Sek.} \quad \ldots\ldots\ldots \quad (49)$$

Das Rad ist am Ende einer Wassergasse, welche seitlich von einem größeren Kanal abzweigt, der mehrere Wasserräder gleichzeitig zu speisen hat, aufgestellt. Der Einlauf konnte mit Rücksicht auf die Genehmigungsvorschrift nicht verändert werden, woraus sich die Nichtübereinstimmung zwischen Schützenbreite und Schaufelbreite erklärt. Die Mündungsweite der Arbeitsfalle in gleicher Größe wie die Radbreite hätte bewirkt, daß die seitliche Kontraktion aufgehoben und der Wasserstrahl besser geführt auf die Schaufeln auftrifft. Aus den Versuchen ging noch weiter hervor, daß der Wirkungsgrad sich wesentlich mit der Radgeschwindigkeit ändert und der Motor bei Überschreitung der normalen Beaufschlagung in seiner Leistung nicht gleichen Schritt mit der vermehrten Wassermenge hält.

Der Bau dieses Systems ergiebt ein weniger hohes Eigengewicht und ist infolgedessen billiger als Räder mit Überfalleinlauf, dasselbe wird daher überall da am Platze sein, wo es weniger darauf ankommt, eine Wasserkraft mit höchstem Wirkungsgrad auszunützen, dagegen mit weniger schweren Triebrädern und leichteren Transmissionen gearbeitet werden will.

Unterschlächtiges Kropfrad mit Spannschütze.

Für Gefälle von 0,20 bis 1,50 m wird das unterschlächtige Kropfrad gebaut und die senkrecht oder besser geneigt stehende Schütze unmittelbar vor das Rad gestellt. Auch für etwas höhere Gefälle findet dieser Typus noch Anwendung, wenn es sich um einen leichten und billigen Motor von größerer Geschwindigkeit oder um eine Bauart für relativ kleine Kräfte handelt.

Beträgt H weniger als 0,75 m und ist mit stark veränderlichem Oberwasserspiegel zu rechnen, so wird ein Überfallrad nicht mehr angewendet; hier leistet das Wasserrad mit Spannschütze bei zweckmäßiger Ausführung ganz gute Dienste.

Die Schütze wird an der Zuflußseite abgerundet, um den Reibungsverlust beim Eintritt zu vermindern, der Boden des Kropfgerinnes (am besten in Stampfbeton ausgeführt) geht mit parabolischer Krümmung in den Boden des Einlaufgerinnes über; man vermeide an letzterer Stelle das sogenannte „Überkröpfen", das durch zu kurze Krümmung des Einlaufbogens entsteht und einen verschlechterten Wassereintritt zur Folge hat.

Gebräuchlicher Raddurchmesser $D = 4{,}50$ bis 6 m.

Besondere Umstände, welche bei der Überfallschütze für eine kleine Radgeschwindigkeit sprechen, sind hier nicht vorhanden. Meistens beträgt bei $H = 1$ m und darüber, $v = 1{,}75$ m i. d. Sek.

Für höhere Gefälle, wobei die Gewichtswirkung des Wassers auf einem längeren Bogen des wasserhaltenden Teils vom Schaufelkranz zum Ausdruck kommt, wird mit v bis 1,50 m, manchmal bis 1,25 m i. d. Sek. herabgegangen und dadurch der Nutzeffekt, weil das Stoßgefälle zu Gunsten des Druckgefälles verkleinert ist, gesteigert.

Die Eintrittsgeschwindigkeit wird passend $c = 1{,}75 \, . \, v$ gewählt und die Druckhöhe zur Erzeugung dieser Geschwindigkeit:

$$h = 1{,}10 \frac{c^2}{2\,g} \quad \ldots\ldots\ldots \quad (50)$$

gesetzt. Durch Umsetzen des Wasserdruckes in Geschwindigkeit entsteht beim Eintritt ein Gefällsverlust; beträgt H weniger als 1,50 m, so ist es ratsam, die Radgeschwindigkeit in mäßiger Größe $v = < 1{,}75$ m zu wählen. Der Durchmesser (max. = 6 m) ist bei diesen Wasserrädern weniger vom vorhandenen Gefälle, als vom erwarteten Nutzeffekt abhängig, letzterer wächst mit zunehmender Radhöhe und kann bei sorgfältiger Ausführung bis zu 70 % der Bruttowasserkraft ansteigen.

Der Füllungsgrad ε wird zu 0,35 bis 0,45 angenommen.

Die Neigung der Schütze beträgt im Mittel = 60°. Der Ausflußkoeffizient kann für geneigtstehende Schützen, wobei weder am Boden noch an den Seiten Kontraktion stattfindet, gesetzt werden:

bei einem Neigungswinkel von 60° $\mu = 0{,}74$
„ „ „ „ 45° $\mu = 0{,}80$

der Ausflußkoeffizient ändert sich, wenn Kontraktion des Strahles an einer oder mehreren Seiten stattfindet.

Bezüglich der übrigen Radverhältnisse haben die bei Schaufelrädern angegebenen Regeln ebenfalls Giltigkeit; für Schaufelzahl, Eintauchtiefe und radiale Tiefe sind mäßige Werte anzunehmen. Nachfolgende Beispiele ausgeführter Räder geben weitere Anhaltspunkte über die Einzelheiten. Schließlich mag noch erwähnt werden, daß die unterschlächtigen Räder eine starke Veränderung der Aufschlagwassermenge nicht wohl vertragen können, ohne daß das Güteverhältnis wesentlich dadurch beeinflußt wäre.

Für Wasserkräfte größer als $N_n = 35$ HP. werden unterschlächtige Kropfräder mit Spannschütze nicht mehr mit Vorteil angewendet.

Erstes Beispiel.

Schaufelrad mit schiefer Spannschütze zum Betrieb eines Sägwerks.

Wassermenge i. d. Sek.	$Q = 2240$ bis 2350 Liter
Gefälle	$H = 1{,}20$ m
Raddurchmesser	$D = 6{,}00$ „
Schaufelbreite	$B = 2{,}40$ „
Schaufelzahl	$Z = 42$
Umdrehungen i. d. Minute	$n = 6$
Nutzleistung in Pferdekräften	$N_n = 26$

$$v_1 \text{ bei 500 mm Tauchung} = \frac{17{,}2473 \,.\, 6}{60} = 1{,}724$$

$$\text{und somit } Q = v_1 \,.\, 0{,}5 \,.\, 2{,}4 \,.\, 0{,}87$$
$$= 1{,}724 \,.\, 0{,}5 \,.\, 2{,}4 \,.\, 0{,}87 = 1820 \text{ Liter}$$

$$\text{Füllungsgrad} = \frac{Q}{\alpha \,.\, B \,.\, v_1} = \frac{1{,}820}{1{,}2 \,.\, 2{,}4 \,.\, 1{,}72} \,.\, 1{,}13 = 0{,}43$$

Verzeichnis der einzelnen Teile.

1	Wasserradwelle aus Stahl, 4,09 m lang, 260 und 230 mm dick	1214 kg
2	Rosetten, sechsarmig, mit Keile und Nabenringe	927 „
2	Wasserradlager mit Bronzeschalen und Sohlen	235 „
1	„ „ „ „ Hohlgußuntersatz	180 „
	Schmiedeeiserner Radkörper.	
12	Arme, U-Profileisen, mit 12 angenieteten Schaufelstielen	847 „
6	Diagonalverbände, 1850/50/12	85 „
84	Schaufelschienen, 12 Laschen	216 „
4	Radsegmente mit je 36 aufgenieteten Schaufelstielen	895 „
4	desgleichen „ „ „ „ „	830 „
810	Schaufelschrauben	112 „
	Getriebe.	
1	Stirnrad 120 E. Z., zweiteilig, 3,035 m Dtr., 225 mm Zahnbreite, 79,4 mm Tlg.	2333 „
1	Trieb dazu 34 E.Z., 0,8594 m Dtr.	411 „
1	Stirnrad 140 HK., 2,167 m Dtr., 140 mm Kammenbreite, 48,6 mm Tlg.	541 „

1	Stirntrieb 45 E.Z., 0,695 m Dtr.	145 kg
1	Hanfseilscheibe, 1,90 m Dtr., mit 4 Rillen zu 45 mm Seildicke	718 „
1	desgleichen, 1 m Dtr.	301 „
1	Vorgelegwelle 2940/140	337 „
1	„ 1300/115	91 „

Zweites Beispiel.

Schaufelrad mit schiefer Spannschütze für eine Werkzeugfabrik (Hammerwerk).

Wassermenge i. d. Sek.	$Q = 1000$ Liter
Gefälle	$H = 0{,}850$ m
Raddurchmesser	$D = 4{,}200$ „
Schaufelbreite	$B = 1{,}660$ „
Schaufelzahl	$Z = 30$
Radiale Tiefe	$a = 0{,}900$ m
Armzahl, [- Profil, 151/63/8	$A = 6$ (12)
Umdrehungen i. d. Minute	$n = 8$
Umfangsgeschwindigkeit i. d. Sek.	$v = 1{,}758$ m
Wassergeschwindigkeit	$v_1 = 1{,}632$ „
Tauchung im Unterwasser	$h_t = 0{,}300$ „

Verhältniszahl $i = \frac{D}{Z} = \frac{4{,}20}{30} = 0{,}14$

Schaufelteilung $t = \pi \,.\, i = 3{,}14 \,.\, 0{,}14 = 0{,}4396$ m

Nutzleistung in Pferdestärken $= \frac{1000 \,.\, Q \,.\, H \,.\, 0{,}75}{75} = 8{,}5$ HP.

Wassermenge bei voller Füllung des Rades

$$16{,}6 \,.\, 9 = 149{,}4$$

hiervon ab 10 % für die Schaufeln $14{,}9$

$$134{,}5$$

$$Q_{max.} = 134{,}5 \,.\, 16{,}32 = 2200 \text{ Liter}$$

somit Füllungsgrad bei 1000 Liter $= \frac{Q}{Q_{max.}} \cdot \frac{1000}{2200} = 0{,}45$

Verzeichnis der einzelnen Teile.

1	Wasserradwelle 3,60 m lang, 155 mm dick	518 kg
2	Rosetten, sechsarmig, mit Keile und Nabenringe	519 „
1	Wasserradlager mit Sohle, 155 mm Bohrg.	149 „
1	„ „ „ 120 „ „	60 „
	Schmiedeeiserner Radkörper.	
6	Radsegmente	628 „
12	Arme, U-Profileisen mit Schaufelstielen	416 „
60	Schienen und Laschen	122 „
420	Schaufelschrauben	51 „
	Nieten	43 „

1	Schützenzug mit zwei schmiedeeisernen Zahnstangen	290 kg
1	Stirnrad 130 E. Z., 2,07 m Dtr., 150 mm Zahnbreite, 50 mm Teilung	635 „
1	Stirntrieb 40 E. Z., 0,637 m Dtr.	138 „
1	Vorgelegwelle 1300/115/90	92 „
2	Vorgeleglager mit Bronzeschalen und Sohlen	122 „
1	Stirnrad 140 HK., 115 mm Bohrg., 1,813 m Dtr., 130 mm Kammenbreite	344 „
1	Stirntrieb 46 E. Z., 0,596 m Dtr., 140 mm Zahnbreite	94 „
1	Vorgelegwelle 1300/100/75	71 „
2	Vorgeleglager mit Bronzeschalen und Sohlen	112 „
1	Riemscheibe, 1,20 m Dtr., 220 mm Breite	141 „
1	„ 0,98 „ „ 220 „ „	105 „

Drittes Beispiel.

Schaufelrad für eine Ölmühle.

Wassermenge i. d. Sek.	$Q = 430$ Liter
Gefälle	$H = 1{,}200$ m
Raddurchmesser	$D = 5{,}000$ „
Schaufelbreite	$B = 1{,}000$ „
Schaufelzahl	$Z = 36$
Radiale Tiefe	$a = 0{,}900$ „
Armzahl, [- Profil, 151/63/8	$A = 6$ (12)
Umdrehungen i. d. Minute	$n = 4{,}5$
Umfangsgeschwindigkeit i. d. Sek.	$v = 1{,}180$ m
Wassergeschwindigkeit	$v_1 = 1{,}107$ „
Tauchung im Unterwasser	$h_t = 0{,}300$ „

Verhältniszahl $i = \frac{D}{Z} = \frac{5{,}00}{36} = 0{,}139$

Schaufelteilung $t = \pi \,.\, i = 3{,}14 \,.\, 0{,}139 = 0{,}436$ m

Nutzleistung in Pferdestärken $= \frac{1000 \,.\, Q \,.\, H \,.\, 0.75}{75} = 5{,}2$ HP.

Wassermenge bei voller Füllung des Rades

$$10 \,.\, 9 = 90$$

hiervon ab 8 % für die Schaufeln $\frac{8}{82}$

$$Q_{max.} = 82 \,.\, 11{,}07 = 908 \text{ Liter}$$

somit Füllungsgrad bei 430 Liter $\frac{430}{908} = \quad \varepsilon = 0{,}47$

Verzeichnis der einzelnen Teile.

1	Wasserradwelle, 2,30 m lang, 150 mm dick	425 kg
2	Wasserradlager mit Sohlen	120 „
2	sechsarmige Rosetten mit Keile und Nabenringe	525 „

Schmiedeeiserner Radkörper.

12	Arme, U-Profileisen mit 12 angenieteten Stielen	492 kg
72	Schaufelschienen, 12 Laschen	142 „
8	Radsegmente mit je 10 aufgenieteten Stielen	880 „
270	Nieten	45 „
504	Schrauben	61 „
1	zweiteiliger gußeiserner Radkropf mit Schrauben	1050 „

Getriebe.

1	Stirnrad 130 E. Z., 2,070 m Dtr.	646 „
1	Trieb 40 E. Z., 50 mm Tlg., 0,637 m Dtr.	137 „
1	Vorgelegwelle 1600/120/85	120 „
1	Vorgeleglager 85 mm Bohrg.	50 „
3	Wandkasten mit Bodenlager	382 „

Viertes Beispiel.

Schaufelrad mit schiefer Spannschütze für eine Mahlmühle (Taf. XXXII).

Die Wassermenge beträgt 3,6 bis 4 cbm i. d. Sek. (Mittelwasser), hierein teilen sich zwei Mühlentriebwerke zu gleichen Teilen. Gefälle $H = 1{,}50$ m. Als Ersatz für zwei hölzerne baufällige Wasserräder des einen Anliegers war ein eisernes Rad zu erstellen. Die Art der Wasserkraft bedingt schiefe Spannschützen anzuwenden und kam nachstehender Motor, für welchen Einlaßweite $b = 1{,}66$ m Vorschrift war, zur Ausführung.

Verfügbare Wassermenge für das Rad	$Q = 0{,}9$ bis 1,2 cbm
Raddurchmesser	$D = 6{,}00$ m
Schaufelbreite	$B = 1{,}90$ „
Schaufelzahl	$Z = 42$
Armzahl	$A = 6$
Radiale Tiefe	$a = 1{,}15$ „
Umdrehungszahl i. d. Minute	$n = 4$
Umfangsgeschwindigkeit $v = \frac{\pi \,.\, D \,.\, n}{60}$ i. d. Sek.	$= 1{,}25$ „
Geschwindigkeit im Schwerpunkt der Wasserfüllung $\frac{\pi \,.\, 5{,}55 \,.\, 4}{60}$ i. d. Sek.	$v_1 = 1{,}15$ „
Tauchung im Unterwasser	$h_t = 0{,}45$ „
Ohne Gefällsverlust verarbeitete Wassermenge	$Q = a \,.\, B \,.\, v_1 \,.\, 0{,}88 = 0{,}9$ cbm
Nutzleistung in Pferdestärken	$N_n = 14$ bis 18 HP.
Umdrehungen der Haupttransmission in der Mühle	$n = 58$ i. d. Minute

Die drei Einlaßfallenweiten des betreffenden Werksbesitzers betragen zusammen $= 5{,}16$ m, das Verhältnis $\frac{Q}{B}$ ist somit $\frac{2}{5{,}16} = 0{,}38$. Bei Kleinwasser wird eines der Wasserräder außer Betrieb gesetzt.

Verzeichnis der einzelnen Teile.

1	Wasserradwelle, 3,23 m lang, 220 mm dick	845 kg
2	Wasserradlager mit Sohlen und Steinschrauben, Bronzeschalen, 140 mm Bohrg.	310 „
2	Rosetten, sechsarmig, je 220 mm Bohrg., mit Nabenringe und Keile	1023 „
	Schmiedeeiserner Radkörper.	
8	Radsegmente	1586 „
84	Schaufelschienen, 12 Laschen	158 „
12	Arme, U-Profileisen, mit angenieteten Schaufelstielen	794 „
6	Diagonalverbände, 6 Platten	139 „
	Nieten	70 „
850	Schaufelschrauben	116 „
1	Regulierschützenzug	405 „
	Getriebe.	
1	Stirnrad 156 E. Z., zweiteilig, 2,88 m Dtr., 170 mm breit, 58 mm Tlg., 220 mm Bohrg.	1292 „
2	Nabenringe, 2 Keile	
1	Trieb 36 E. Z., 0,665 m Dtr., 130 mm Bohrg.	180 „
1	Vorgelegwelle, 1,500 m lang, 130 mm dick	156 „
1	kon. Rad 120 HK., 2,048 m Dtr., 125 mm breit	644 „
1	kon. Trieb dazu, 0,616 m Dtr., mit Ausrückgroffe, Spindel und Metallmutter	141 „
1	Bodenlager mit Bronzeschalen, 130 mm Bohrg.	132 „
1	Winkelsohlplatte mit 1 Bodenlager. 110 mm Bohrg. und einem Bodenlager, 85 mm Bohrg.	194 „

Fünftes Beispiel.

Unterschlächtiges Kropfrad zum Betrieb einer mechanischen Weberei.

Wassermenge i. d. Sek. (Mittel)	$Q = 1{,}25$ cbm
Gefälle	$H = 0{,}25$ bis $0{,}30$ m
Raddurchmesser	$D = 5{,}00$ m
Schaufelbreite	$B = 2{,}50$ „
Radiale Tiefe	$a = 0{,}90$ „
Schaufelzahl	$Z = 36$
Umdrehungen i. d. Minute	$n = 4$
Umfangsgeschwindigkeit i. d. Sek.	$v = 1{,}047$ m

Die Abstellfalle wurde senkrecht vor das Rad gestellt, da in vorliegendem Falle mit dem Wasserstrom gearbeitet werden mußte und ein Aufstau nach Lage der Verhältnisse unzulässig war.

Nutzleistung des Rades	$N_n = 3$ bis 4 HP.
Wassertiefe im Oberkanal	$h_o = 0{,}50$ m

Wassertiefe im Unterkanal	$h_u = 0{,}72$ m
Tauchung im Unterwasser	$h_t = 0{,}50$ „
Wassergeschwindigkeit im Schwerpunkt der Schaufelfüllung etwa	$v_1 = 0{,}95$ „ i. d. Sek.

Ohne Gefällsverlust verarbeitetes Wasserquantum

$$Q = 2{,}52 \,.\, 0{,}51 \,.\, 0{,}95 \,.\, 0{,}9 = 1100 \text{ Liter}$$

Geschwindigkeit im Unterkanal

$$\text{hinter dem Rad} = \frac{1{,}25}{0{,}72 \,.\, 2{,}50} = 0{,}70 \text{ m i. d. Sek.}$$

Verzeichnis der einzelnen Teile.

1	Wasserradwelle, 4,48 m lang, 150 mm dick	552 kg
2	Rosetten, sechsarmig	347 „
1	Wasserradlager mit Bronzeschalen, 150 mm Bohrg.	151 „
1	„ „ „ 120 „ „	60 „

Schmiedeeiserner Radkörper.

12	Arme, ⊥ - Profileisen	
72	Schaufelstiele, 72 Schaufelschienen	
14	Ringsegmente mit 14 Laschen	1284 kg
	Nieten, Schaufelschrauben	
1	Schützenzug mit 2 schmiedeeisernen Zahnstangen, Getriebe und Handrad	275 „

Sechstes Beispiel.

Stromrad zum Betrieb einer mechanischen Werkstätte (Tafel XXX).

In einen städtischen Werkskanal, der das Aufschlagwasser von mehreren Betrieben abführt, ist ein ausziehbares Stromrad einzusetzen, dessen Schaufelbreite mit 3,50 m gegeben ist.

Wir wählen mit Rücksicht auf die zu erwartende bescheidene Kraftleistung folgende Verhältnisse:

Raddurchmesser	$D = 4{,}10$ m
Schaufelbreite (vorgeschrieben)	$B = 3{,}50$ „
Radiale Tiefe	$a = 0{,}65$ „
Schaufelzahl	$Z = 24$
Schaufelteilung	$t = 0{,}36$ „
Umdrehungen i. d. Minute	$n = 7$
Umfangsgeschwindigkeit i. d. Sek.	$v = 1{,}50$ „
Eintauchtiefe der Radschaufeln	$h_t = 0{,}35$ „
Wassergeschwindigkeit im Schwerpunkt der Schaufelfüllung i. d. Sek.	$v_1 = 1{,}341$ m
Nutzleistung des Rades etwa	$N = 2$ bis 3 HP.

Verzeichnis der einzelnen Teile.

1	Wasserradwelle aus Stahl, 6 m lang, 155 mm dick	870 kg
9	Radsegmente mit aufgenieteten Schaufelstielen, 18 Laschen, Profil der Schaufelstiele ∟ 60 × 45 × 7	757 „
18	Arme, ⊔-Eisen 1270 × 100 × 50 mm	243 „
72	Schaufelschienen	54 „
440	Schaufelschrauben	55 „
140	Nieten	} 41 „
54	Rosettenschrauben	
3	sechsarmige Rosetten	517 „
		2537 kg

Poncelet-Rad.

Eine Abart der unterschlächtigen Wasserräder, welche gegenwärtig nicht mehr gebaut wird, sind die nach dem Erfinder benannten Poncelet-Räder. Über diesen Gegenstand erschien von Poncelet in Metz (1826) „Mémoire sur les roues hydrauliques verticales“, worin er Theorie und Konstruktion dieses Rades entwickelte.

Die Poncelet-Räder haben eiserne, kreisförmiggebogene, nach vorwärts gestellte Schaufeln. Die Wasserzuführung erfolgt derart, daß der Strahl, indem er im Schaufelraum hin- und zurückfließt, gegen die hohle Seite der Schaufel drückt und eine zwangläufige Bewegung in diesem Sinne beibehalten soll. Störungen und Unregelmäßigkeiten sind dabei unvermeidlich. Das Rad ist hauptsächlich für Gefälle $H = 0,75$ bis 1,50 m gebaut worden, findet sich aber auch noch für etwas höhere Gefälle ausgeführt.

Eine zweckmäßige bewährte Neuerung, welche wir dem verdienten Mathematiker und Physiker verdanken, ist die nach einem bestimmten Winkel gegen das Rad geneigtstehende Spannschütze, durch welche ein vorteilhafter Eintritt des Wassers erfolgt.

Bei der beträchtlichen Wasser- und Radgeschwindigkeit ist der Wirkungsgrad kein besonders hoher, derselbe geht mit wachsendem Gefälle folgerichtig auch herab und beträgt:

für 0,75 bis 1,20 m Gefälle = 0,65 bis 0,60
„ 1,20 „ 1,70 „ „ = 0,60 „ 0,55.

Eine eingehende Betrachtung erfährt das Poncelet-Rad, welches nur noch geschichtlich interessant ist, in Grashof's „Theorie der Kraftmaschinen“. Man kann sagen, daß bis jetzt kein Radsystem mit mehr Scharfsinn und Fleiß theoretisch so vielseitig behandelt wurde als eben dieses; außerdem mag noch bemerkt werden, daß dasselbe nach der Wirkungsweise des Wassers den Übergang zu den Turbinen bildet.

Tabelle VIII.

Eiserne Wasserräder mit Holz-

für **0,20** bis **3,25** m Gefälle und

ausgeführt von der Maschinen-

H m	Q cbm	N_n HP.	D m	B m	Z	a m	h_t m	n i. d. Minute	v i. d. Sek.
0,20—0,30	0,75—1,50	4—6	5,00	2,60	36	0,65	0,30	4	1,04
0,25	3,00	4—5	4,10	3,50	24	0,65	0,30	7	1,50
0,44	0,50	2	5,00	1,00	36	0,75	0,40	4	1,04
0,72	0,60—1,50	6—10	4,80	1,50	36	0,85	0,35	7	1,75
0,95—1,30	1,05—1,25	12—15	5,50	1,80	36	1,20	0,50	5,6	1,61
0,98	1,80	18	4,60	2,40	30	0,90	0,45	8	1,92
1,00	0,80	8	5,30	1,20	36	0,80	0,25	6	1,66
1,00	1,00—1,50	10—15	5,00	1,80	36	0,90	0,28	7	1,83
1,00	1,80	15—20	5,00	2,00	36	1,00	0,45	6,5	1,70
1,20	0,45—0,60	5—7	5,50	1,50	36	0,90	0,20	7	2,01
1,30	0,80	10	4,60	1,50	30	0,90	0,30	8—9	1,96—2,16
1,30—1,43	0,33—0,55	5—7	5,00	0,80	36	0,70	0,30	7	1,83
1,40—1,50	2,50	35	6,50	2,65	36	1,55	0,65	5,5—6	1,87—2,04
1,45	4,50	65	6,50	4,20	36	1,55	0,65	5,5—6	1,87—2,04
1,56	1,20	15	6,00	1,80	40	1,15	0,50	5,5	1,72
1,60	0,35—0,56	5,5—9	5,00	1,00	36	0,75	0,30	7	1,83
1,60	1,50	20—22	5,00	2,00	36	1,00	0,30	7	1,83
1,67	1,20—1,50	20—25	5,00	2,10	36	1,00	0,37	6	1,57
1,70	0,65—0,90	11—15	5,00	1,60	36	0,90	0,32	6,5	1,70
1,80	0,60	11	5,00	1,20	36	0,95	0,35	6,5	1,70
1,875	0,60—1,00	11—18	6,00	1,75	40	1,30	0,75	4,67	1,46
2,00—2,40	0,65—0,80	15	4,85	1,15	36	0,60	0,20	12—15	3,03—3,79
2,14	0,12—0,25	2,5—5,5	5,10	0,95	36	0,70	0,20	4,75	1,26
3,00	0,25—0,40	7,5—10	6,00	1,00	42	0,95	0,25	5,5	1,72
3,25	0,50	16	6,00	1,00	42	0,95	0,20	6—7	1,88—2,19

Tabelle VIII.

schaufeln und Spannschütze.

0,12 bis 4,50 cbm/sek. Wasserzufluß,

fabrik M. Müller in Cannstatt.

Einzelgewichte in Kilogramm						Gew. von Rad, Rosetten, Welle, Lager	Fallenzug	Bemerkungen
Welle	Lager	Rosetten Anzahl	Rosetten	Radgew.	Stirnrad			
552	211	2	350	1300	644	2413	275	Weberei
870	120	3	517	1227	—	2734	—	Mech. Werkstätte, Stromrad
610	225	2	368	1277	540	2500	—	Ölmühle
411	200	2	440	1482	595	2533	—	Lederfabrik
alt	alt	2	660	2800	1287	—	630	Kunstmühle
1045	430	2	695	1705	1364	3875	430	Zwirnerei
364	122	2	302	1200	677	1998	178	Mahlmühle
550	239	2	460	1521	744	2770	355	Mahlmühle
988	438	2	1167	2225	1538	4818	—	Ölfabrik
562	313	2	593	1834	996	3302	—	Sägwerk
649	141	2	566	1448	1025	2804	—	Hammerwerk
301	247	2	570	1345	613	2463	—	Sägwerk
1350	300	3	2070	6000	2650	9720	500	Wasserwerk
3000	670	3	2160	7600	4400	14450	900	Wasserwerk
1100	306	2	870	3120	—	5396	355	Pappenfabrik
alt	alt	2	359	1328	alt	—	197	Sägwerk
720	247	2	600	1450	—	3017	250	Kunstmühle
912	447	2	755	2294	1140	4408	433	Mahlmühle
650	142	2	575	1798	1068	3165	203	Sägwerk
510	222	2	652	1566	595	2950	355	Sägwerk
804	376	2	905	3140	—	5225	—	Pappenfabrik
Holzwelle	—	2	1080	1463	alt	—	—	Sensenfabrik
alt	alt	2	550	1457	—	—	—	Sägwerk
alt	alt	2	584	2206	alt	—	—	Lohmühle
640	120	2	635	1969	—	3365	—	Kunstmühle

Achter Abschnitt.

Teilung der Wasserkraft.

Sind mehrere Besitzer an einem gemeinschaftlichen Werkskanal beteiligt, so geschieht die Teilung der Wasserkraft am vorteilhaftesten dadurch, daß man das Gefälle H, wenn es nicht außergewöhnlich groß ist, allen Rädern unverkürzt erhält und die Wassermenge nach Maßgabe der Anteile auf die einzelnen Räder mit Rücksicht auf praktische Anordnung verteilt.

Veranlassung zu einer Teilung der Wasserkraft kann auch der Umstand geben, daß ein Rad zu breit und zu schwer ausfallen würde.

Bei älteren Anlagen findet sich die Kraftverteilung durch mehrere in demselben Schußgerinne hintereinander gelagerte unterschlächtige Stoßräder ausgeführt, deren Nutzeffekte bei richtiger Wahl der Umfangsgeschwindigkeiten annähernd gleichgroß gemacht werden können. Der Effekt aller Räder wird jedoch im Vergleich mit einem einzigen Rade durch Vergrößerung des Luftwiderstandes und der Zapfenreibung, abgesehen von den höheren Anlagekosten, schwächer sein. Außerdem liegen die Achsmittel der Räder nicht auf gleicher Höhe; das erreichbare Maximum des Nutzeffektes wird 50 % der absoluten Wasserkraft niemals überschreiten.

Beispiele von Kraftverteilung durch Wasserräder in rationeller Weise geben u. a. die Anlagen von Cannstatt, S. 70, und Heilbronn, S. 83.

In der 70 m langen Wassergasse mit 1,60 m Sohlengefälle der Brückenmühle in Heilbronn befanden sich 13 Wasserräder hinter-, zumteil auch nebeneinander, welche einen sehr bescheidenen Wirkungsgrad ergaben. Da sie verschiedenen Eigentümern gehörten und sich im Gange gegenseitig beeinflußten, entstanden fortwährend Streitigkeiten. Nach langen Verhandlungen kam ein Vergleich zustande, in welchem auf Grund von Schätzungen das Verhältnis der Anteile festgestellt, eine Teilung des Wassers statt der früheren Teilung des Gefälls und Ausführung der Neuanlage nach einem einheitlichen Plane beschlossen wurde. Als Zuflußkanal wurde die alte Wassergasse unverändert benützt. (Tafel XX, Längenprofil *A B*.)

Da die Aufgabe, die Leistung eines gemeinsamen Motors in einem bestimmten Verhältnis zu verteilen, bis jetzt eine befriedigende Lösung nicht gefunden hat, so wären für jeden Betrieb zwei Turbinen nötig gewesen, was schon beschränkter örtlicher Verhältnisse wegen unmöglich war, abgesehen von der Schwierigkeit, den Wasserverbrauch der einzelnen Werke richtig zu bemessen und zu beaufsichtigen. Am unteren Ende der Wassergasse erweitert sich der Kanal erheblich, hier fand sich auch der erforderliche Raum für die Motorenanlage.

Die fünf aufgestellten Räder sind fast kongruent; sie unterscheiden sich nur durch verschiedene Stärke einzelner Konstruktionsteile und durch ihre Breite, welche sich wie die Kraftanteile zueinander verhalten.

Die Überfallschützen werden von einer gemeinschaftlichen Transmissionswelle aus gehoben oder gesenkt, so daß sie immer in gleicher Höhe stehen. Auf diese Weise ist für jedes Rad ein größter Wasserverbrauch, proportional seiner Breite, dem jeweiligen Wasserstand entsprechend, festgestellt. Wird die Leistung eines Rades nicht vollständig verbraucht, so ist mit der vor dem Überfallschützen angebrachten Abstellfalle zu regulieren.

Der Effekt wurde durch die Neuanlage infolge vollständiger Ausnützung des Gefälles und besseren Wirkungsgrades der Motoren verdoppelt. In ähnlicher Weise ist die städtische Wasserkraft Cannstatt ausgebaut worden, welche vorher zu etwa einviertel der Kraft benützt war. Mit der Zahl der Motore muß man sich in solchen Fällen auf das unumgänglich Notwendige beschränken, da die Gesamtanlagekosten gesteigert und viele Triebwerksteile bezüglich Unterhaltung und Wartung eine unangenehme Zugabe bilden.

Der Kapitalwert einer durch Wasserkraft erzeugten Pferdestärke ist keineswegs für alle Örtlichkeiten feststehend, sondern ein Faktor von sehr veränderlicher Größe. In gewerbreichen Städten mit zweckmäßigen Kanälen, wobei die Unterhaltungskosten für Stauanlage u. s. w. auf eine größere Anzahl Teilnehmer umgelegt sind, der Einzelne dadurch nicht erheblich belastet ist, kann eine Pferdekraft bis zu M. 2000 kapitalisiert werden. Dieser Wert sinkt in den vom Verkehr abliegenden Gebieten auf etwa M. 300 bis M. 200 herab.

Durchschnittlich wird bei Verkäufen von Wasserwerken in guter Geschäftslage eine Pferdekraft ausschließlich Baugrund zu M. 1750 gerechnet.

Bei Abschätzung ist die absolute Zahl der Pferdestärken maßgebend; kleine Wasserkräfte verlieren unter den heutigen Produktionsverhältnissen mehr und mehr an Bedeutung. Anlagen mit Hunderten von Pferdestärken erfordern zu ihrer Ausnützung beträchtliche Baukosten, die gleichfalls zu berücksichtigen sind. Es muß dem erfahrenen Fachmann überlassen bleiben, bei Entschädigungen, Ablösungen u. s. w. die besonderen Umstände des gegebenen Falles und die landesüblichen Grundsätze zu berücksichtigen, um zu einer zuverlässigen Wertbestimmung zu gelangen.

Da fast alle Wasserkräfte beträchtlichen Schwankungen unterworfen sind, so sollten einer Taxation die Wasserstandsbeobachtungen mindestens zehn aufeinanderfolgender Jahrgänge zugrunde gelegt werden. Zum Vergleich mit den Kosten pro Pferdekraft, die durch größere Wasserwerksanlagen entweder durch elektrische Energie übertragen oder unmittelbar abgegeben wird, mögen folgende Preise einiger größerer gemeinschaftlicher Anlagen Platz finden.

Die Kraftübertragungswerke Rheinfelden bestimmen den Preis aus einer Grundtaxe pro Kilowatt, welche sich je nach Größe der Anlage richtet und einer Konsumtaxe von 1,6 Pfg. pro Kilowattstunde mit einem Rabatt von 10 %:

A. Bei einer Anlage von etwa 101 HP. = etwa 81 Kilowatt:

Kosten pro Pferdekraft und Jahr: 15180 × 0,80 = M. 121,44 und
„ „ Pferdekraftstunde: 12144 : 3300 = 3,68 Pfg.

B. Bei einer Anlage von etwa 210 HP. = etwa 161 Kilowatt:

Kosten pro Pferdekraft und Jahr: 13920 × 0,80 = M. 111,36 und
„ „ Pferdekraftstunde: 11136 : 3300 = 3,37 Pfg.

Diese Berechnung fußt auf voller Ausnützung der Anlage und wird sich der Preis bei wirklichem Betrieb noch bedeutend niedriger stellen, indem nicht wohl anzunehmen ist, daß während der in Rechnung gezogenen Zeit die ganze Kraft ausgenützt werde.

Das Elektrizitätswerk Olten-Aarburg, A. G. Olten berechnet von 1 bis 16 HP. = Fr. 210 bis 200, von 20 bis 90 HP. = Fr. 180 bis 160 und von 100 HP. und darüber = Fr. 150 pro Pferdekraft und Jahr.

Ein Mühlengeschäft in Zürich, das 60 HP. Wasserkraft besitzt, erhielt dem Vernehmen nach Angebot für Fr. 6000 pro Pferd; die Stadtmühle Zürich bekommt 120 Pferd elektrische Kraft von Bremgarten und bezahlt dafür pro Jahr Fr. 30000.

Die Wasserkräfte der Mühlen in Pforzheim sind kürzlich zum Preise von M. 1500 pro Pferdekraft durch die Stadtverwaltung angekauft worden.

Wahl des Systems.

Redtenbacher hat zur Bestimmung des Radsystems ein Diagramm entworfen, welches durch Vergleichung des Nutzeffekts das Anwendungsgebiet der einzelnen Gattungen durch Kurven und gerade Linien begrenzt und die gebräuchlichen älteren Radformen mit Ausnahme des Sagebien-, Zuppinger- und Bach'schen Rades, welche damals noch nicht bekannt waren, umfaßt.

Im Diagramm sind die Gefälle H in Meter als Ordinaten und die Wassermengen Q in Kubikmeter als Abszissen aufgetragen, das Feld, in welches der betreffende Punkt im Diagramm fällt, bestimmt die Art des Wasserrades, welches in gegebenem Falle anzuwenden ist. So zweckmäßig dieses Schema des Altmeisters auf den ersten Blick auch erscheint, ist dessen Brauchbarkeit doch stark beeinträchtigt, da die Grenze der Anwendungsfähigkeit für die einzelnen Gattungen nicht scharf gezogen werden kann, überdies Gefälle und Wassermenge nicht die alleinigen Faktoren darstellen, welche bei Wahl des Systems ausschlaggebend sind.

Unseres Erachtens nach hat W. Zuppinger in seinem Vortrag: „Über Wassermotoren“ und A. Ehemann in seiner Schrift: „Über den Bau und die Anwendung der verschiedenen Arten von Wassermotoren“ diese Frage rationell angefaßt und die leitenden Grundsätze in richtiger Erkenntnis klargelegt.

Der Gegenstand gestattet nicht nach Schablone zu arbeiten, er muß vielmehr studiert und durchdrungen sein, den Rücksichten technischer Art stehen diejenigen geschäftlicher und allgemeiner Natur entgegen; solche Gegensätze sind bei jeder Anlage auszugleichen und von diesem Gesichtspunkt aus können für ein Lokal mehrere Systeme brauchbar erscheinen, die Wahl unter Umständen auf einen Motor mit geringerem Wirkungsgrad fallen, wenn dessen charakteristische Eigenschaft sich in gegebenem Falle als zweckdienlicher erweist.

Das oberschlächtige Rad wird für konstante Gefälle von 3,50 bis 12 m und Wassermengen bis 1 cbm i. d. Sek. angewendet. Die Ausführung des Einlaufs richtet sich nach verfügbarem Anlagekapital; soll der Motor möglichst billig erstellt werden, so ist eine einfache Spannschütze zu wählen. Das abfließende Unterwasser hat gewöhnlich eine der Bewegung des Rades entgegengesetzte Richtung, ist der Unterwasserspiegel nicht konstant, so wird durch Eintauchen ein wesentlicher Effektverlust entstehen. Hier wendet man mit Vorteil die Zungenschütze mit Regulierschieber an, um die Drehungsrichtung des Rades dem ablaufenden Unterwasser anzupassen. Die für oberschlächtige Räder günstigsten Gefälle liegen zwischen 5 und 7 m (Tafel III u. IV).

Bei veränderlichem Ober- und Unterwasserstand kommt für vorstehend angegebene Gefälle und Wassermengen noch das rückschlächtige Zellenrad in Betracht; im allgemeinen ist den Schaufelrädern gegenüber Zellenrädern mehr Wert und Recht einzuräumen, da sie eine freiere Wahl in den Größenverhältnissen und infolgedessen bessere Verwendungsfähigkeit darbieten, auch in den Gestehungskosten billiger sind. Der Wassereintritt wird beim rückschlächtigen Zellenrad selten in befriedigender Weise erfolgen (Tafel VIII).

Das Schaufelrad mit Überfall- oder Kulisseneinlauf nach verbessertem System Zuppinger kann, wie aus gegebenen Beispielen und Übersichten hervorgeht, für 1 bis 5 m Gefälle und Wassermengen von 200 bis 4500 Liter i. d. Sek. gebaut werden. Man zieht im allgemeinen den Überfalleinlauf vor und ordnet nur bei stark veränderlichem Oberwasserspiegel oder größerem Gefälle den Kulisseneinlauf an, ebenso, wenn durch kleineren Raddurchmesser auf eine höhere Umdrehungszahl gerechnet wird. Dieses System kann eine Veränderung der Beaufschlagung in den Grenzen von 1 : 4, ohne daß dadurch der Wirkungsgrad um mehr als 5 % sich ändert, vertragen; ebenso überwindet es bei Hochwasser eine Tauchung etwa bis zur Höhe $= \frac{H}{4}$ mit einer Abnahme des Wirkungsgrades bis zu 10 %. Bei unreinem Wasser oder starker Eisbildung ist der Kulisseneinlauf wegen unvermeidlicher Verstopfung nicht zu empfehlen (Tafel IX und XIII bis XXIX).

Der Zustand periodischer Antriebe, welcher allen Wasserrädern mehr oder weniger eigen ist, verursacht, daß nachteilige Schwingungen und Erschütterungen durch den Wasserstoß entstehen, die bei geringen Gefällen mit großer Wassermenge ammeisten zum Ausdruck kommen. Man wird deshalb dahin geführt, für solche Anlagen eine Konstruktion mit größerer Umfangsgeschwindigkeit zu wählen, bei welcher der bezeichnete Nachteil weniger fühlbar ist.

Für Gefälle von 0,20 bis 1,50 m wird zur Ausnützung kleiner Wasserkräfte das unterschlächtige Kropfrad mit Spannschütze verwendet, wobei $N_{n\ max.}$ nicht über 35 HP. betragen soll. Seine Anwendung wird auch dann vorteilhaft sein, wenn mehrere Werke nebeneinander an einem gemeinschaftlichen Zuflußkanal liegen, wobei es im Interesse des einzelnen Anliegers ist, von der Höhe des Oberwassers unabhängig zu sein. Unter solchen Verhältnissen ist der Besitzer eines Rades mit Überfalleinlauf im Nachteil, wenn das benachbarte Werk durch ein Rad mit Spannschütze oder eine Turbine betrieben wird. Die Haltung des Oberwasserspiegels auf normaler Höhe für das Überfallrad würde dem gegenüberliegenden Werk nur zum Vorteil gereichen, und begnügt man sich unter solchen Umständen mit einem hydraulischen Motor, der etwa 5 bis 10 % weniger Nutzeffekt abwirft, als die vollkommenere Konstruktion ergiebt (weil letztere das Gefälle vollständig ausnützt), dagegen bei einigermaßen guten Wasserständen etwa bis 15 % mehr Wasser verbraucht, wodurch der Ausfall an Effekt gedeckt werden kann (Tafel XXXII u. XXXIII).

Bei den übrigen Radsystemen: unterschlächtiges Stoßrad, Schaufelrad im Schußgerinne, Wasserrad im freien Strom (Tafel XXX), läßt die Natur der Wasserkraft für die Anwendungsfähigkeit dieser Räder einen Zweifel bei der Wahl wohl kaum aufkommen. Es mag nur noch bemerkt werden, daß bei den beiden letzten Typen eine andere Auffassung der sekundlichen Wassermenge in Betracht kommt. Die Wassergeschwindigkeit ist hier eine gegebene Größe, welche ohne weiteren Verlust aus einem Gefälle gewonnen ist und deshalb ein Wirkungsgrad schlechterdings nicht garantiert werden kann. Da ein Stoßgefälle nur höchstens zur Hälfte ausgenützt wird, so muß der Wirkungsgrad kleiner als 50 % sein; wegen Reibungs- und Wasserverlust und auch deshalb, weil das zum Stoß kommende Wasser nicht vollständig die Radgeschwindigkeit annimmt, ist er thatsächlich kleiner, jedenfalls aber nicht höher als zu 30 bis 40 % zu veranschlagen. Durch zweckmäßig gekrümmte und richtiggestellte Schaufeln in mäßiger Anzahl läßt sich bei diesen Rädern eine annehmbare Leistung erzielen, wenn bei Ausführung jedes unnötige Gewicht vermieden wird.

Das Sagebien-Rad wird nach seiner ursprünglichen Konstruktion nur noch in Frankreich in größerer Anzahl gebaut; handelt es sich um den Ersatz eines solchen, so zieht man die verbesserte Bauart mit evolventenförmig gekrümmten Schaufeln, größerer Umfangsgeschwindigkeit bei möglicherweise verändertem Raddurchmesser vor.

Das Poncelet-Rad hat nur noch geschichtliches Interesse, der Bau desselben wird heute von den meisten Werkstätten unterlassen.

Bezüglich weiterer Einzelheiten sei noch auf die Tabelle über Größenverhältnisse und Wirkungsgrade der Wasserräder erster Teil, S. 12, verwiesen.

Betriebsrücksichten oder anderweitige praktische Erwägungen mögen in einzelnen Fällen eine Abweichung von den Normalausführungen nach der einen oder andern Seite hin als wünschenswert erscheinen lassen, es ist, wie schon hervorgehoben, Sache des ausführenden Ingenieurs, auch den Kostenpunkt als wesentlich mitbestimmend im Auge zu behalten und unter Beachtung aller einschlägigen Verhältnisse die Vor- und Nachteile einer Abänderung gegeneinander abzuwägen.

Schlusssätze.

Wie auf allen Gebieten menschlicher Thätigkeit — in der Kunst wie im Leben — Anpreisung und Nachahmung ein gewichtiges Wort mitsprechen, so lassen sich auch im Maschinenbau Perioden unterscheiden, in welchen ein bestimmter Motorentypus vorwiegend ausgeführt wird — mit einem Wort — den Markt beherrscht. Selbst eine Reihe aufeinanderfolgender nasser oder trockener Jahrgänge hat Einfluß auf die Entscheidung bei Wahl eines hydraulischen Motors.

Als sich in den vierziger und fünfziger Jahren die Überdruckturbinen von Frankreich aus auch bei uns einzuführen begannen, glaubte man einen Universalmotor gefunden zu haben, der mit den unvollkommenen hölzernen Wasserrädern von damals bald aufgeräumt haben würde.

Diese neuen Rezeptoren konnten jedoch den Hauptanforderungen an hydraulische Kraftmaschinen: gleichbleibender Wirkungsgrad bei Veränderung der Wassermenge und Gefälle, nicht vollständig entsprechen und entstand nun vonseiten der Konstrukteure ein Wettbewerb, um diesen Ansprüchen durch bessere Radsysteme Genüge zu leisten. Im Jahre 1863 trat SAGEBIEN mit seinem langsamgehenden eisernen Schaufelrade hervor, welchem in zeitlichen Abständen weitere verdiente Hydrauliker, u. A. auch ZUPPINGER, mit ihren Neuerungen folgten; die sechziger und siebziger Jahre gehörten wiederum vorwiegend den verbesserten Wasserrädern. Inzwischen hatte GIRARD das Prinzip der Aktionswirkung bei seinen Turbinen rationell durchgeführt, die Regulierungen ausgebildet und eine Reihe charakteristischer Grundlagen geschaffen, auf welchen die Ingenieure während mehrerer Jahrzehnte nur Turbinen nach dem Girard'schen System der „freien Abweichung" unter richtigem oder angenommenem Namen weiter zu bauen brauchten. Von der Weltausstellung in Philadelphia 1876 und den daselbst in großem Maßstab angestellten Proben mit Turbinen kann man eine neue Ära im Turbinenbau datieren. Es entwickelten sich für dieses Fach auch bei uns besondere Fabriken, wie solche in Amerika schon früher bestanden, die den Bau dieser Gattung von Motoren auf Vorrat nach bestimmten Typen und Normen mit spezieller Einrichtung betreiben. Sonderkonstruktionen, wie die „Knopturbine" (Grenzturbine mit Kranzeinschnürung), die Lehmann'sche „Kombinationsturbine" (Grenzturbine mit Rückschaufeln), die „Francisturbine" (Radialturbine, verbessert durch drehbare Leitschaufeln), kamen in Deutschland stark in Aufnahme und fanden auch nach dem Auslande Absatz.

Durch Fortschritte in der Elektrotechnik und die auf der Ausstellung in Frankfurt a. M. 1891 ausgeführte Kraftübertragungsanlage Lauffen — Frankfurt hat sich das allgemeine Interesse wieder mehr den Naturkräften zugewandt und die Techniker mit der Verwertung der Wasserkräfte beschäftigt. Hiernach sind die Amerikaner sofort an die Ausnützung der Niagarafälle gegangen, die Nutzbarmachung derselben und anderer großer Ströme mit gewaltiger Wassermasse haben dem Turbinenbau neue Aufgaben gestellt; durch die Weltausstellung in Chicago 1893 war für die Entwicklung desselben ein weiterer Anstoß erfolgt. Heute ist der Turbinenbau bis zu Kapsel- Spiral- Konus- und mehrstufigen Turbinen aufgestiegen; man hat die Turbinenachse senkrecht, wagrecht und schief gelegt, um höchste Nutzleistung zu erzielen und örtliche Schwierigkeiten, welche einzelne Fälle darbieten, zu überwinden.

Vermöge ihrer Größenverhältnisse eignen sich Turbinen besser zur Massenfabrikation als die umfangreicheren Wasserräder; daraus erklärt sich die Herstellung auf Vorrat und ihre Exportfähigkeit. Gegenwärtig finden sich auch in England Radialturbinen nach amerikanischem Vorbild mit äußerer Beaufschlagung allseitig angeboten. Selbst Frankreich, dem wir auf dem Gebiete hydraulischer Motoren die meisten Fortschritte verdanken, welches jedoch gegen das Ausland seither geschäftlich sich abgeschlossen hielt, mußte diesem Zug der Zeit folgen und so begegnen wir heute französischen Werkstätten, welche amerikanische Turbinen in den Kreis ihrer Fabrikation einbezogen haben.

Die Anschauung, daß den Turbinen allgemein der Vorzug eingeräumt wird, ist nicht nur prinzipieller, sondern auch subjektiver Natur und unseres Erachtens nach besonders im Geiste und Charakter unseres Zeitalters der hohen Geschwindigkeiten begründet, mittels deren man heutzutage möglichst rasch irgend ein angestrebtes Ziel zu erreichen sucht.

Die Ausnützung der Wasserkräfte zur Erzeugung von Elektrizität steht im Vordergrund; allgemein herrscht die Anschauung, daß nur Turbinen für diesen Zweck höherer Tourenzahl und gleichförmigen Ganges wegen als Betriebsmotoren geeignet seien. Die Erfahrung, welche mit solchen Anlagen gemacht wurde, bestätigt indessen, daß ohne Einschaltung bedeutender Schwungmassen in die Transmission ein konstant gleicher Gang wegen ungenügendem Beharrungsvermögen der Turbinen nicht zu erreichen ist. Elektrische Betriebe mit Wasserrädern dagegen haben die über diesen Punkt befürchteten Bedenken verstummen lassen, da der Motor selbst und die Triebräder genügendgroße ausgleichende Massen darstellen und eine gleichförmige Bewegung gewährleisten. So wenig die neuesten Walzenstühle, Dismembratoren und Kugelmühlen den alten ehrwürdigen Steinmahlgang als Zerkleinerungsmaschine ganz verdrängen konnten, so wenig sind Turbinen überall imstande, Wasserräder vollständig zu ersetzen, und die schon vor Jahrtausenden erdachte Maschine wird ihre praktische Überlegenheit in den allermeisten Fällen immer wieder erweisen.

Erst wenn die Jünger der Wissenschaft die Mechanik jetzt noch schlummernder Naturkräfte erfaßt und durch

„. . . . . ein wenig lesen
In dem unendlichen Geheimbuch der Natur“

die treibende Energie am Urquell aller Bewegung zu schöpfen gelernt haben, wird auch das letzte Wasserrad „in einem kühlen Grunde“ für immer stillstehen.

Doch bis dahin hat es noch gute Wege und indem ich diese Arbeit abschließe, erinnere ich mich des Ausspruches einer bekannten Autorität auf dem Gebiete der Untersuchung von Kraftmaschinen, welcher nach Prüfung einer mit großem Lärm von Amerika nach Deutschland eingeführten Turbinenart, deren Leistung als riesenmäßig angepriesen worden war, auf Anfrage — was Wahres an der Sache sei — folgendermaßen lautete: „Die . . . . turbine giebt bei voller Beaufschlagung nur etwa 60 % Nutzeffekt, Sie dürfen also Ihre Wasserräder ruhig weiter bauen!“

Dies ist jedoch nicht so aufzufassen, als ob der Wirkungsgrad bester amerikanischer Turbinen den höchsten bis jetzt erreichten Resultaten mit guten inländischen Fabrikaten nicht nahekomme; dagegen sind, was Leistungsfähigkeit, Dauerhaftigkeit und praktisch brauchbare Ausführung anbelangt, die Erzeugnisse deutscher Fabriken vom Ausland keineswegs übertroffen.

Die Natur der Wasserkräfte stellt dem Konstrukteur so mannigfache Aufgaben, denen ausschließlich mit Turbinen zu entsprechen nicht immer möglich ist. Die in vorliegender Arbeit behandelten hydraulischen Motoren werden daher neben den Turbinen den Platz behaupten und deren Anwendung auch fernerhin eine ausgedehnte bleiben, was auch die wahren oder vermeintlichen Fortschritte auf dem Gebiete des Turbinenbaues sein mögen.

Namen- und Sachregister.

Die beigesetzten römischen Zahlen bedeuten den Teil, die arabischen Ziffern die Seiten desselben.

Buchdruckerei Julius Klinkhardt, Leipzig.

Buchdruckerei Julius Klinkhardt, Leipzig.

MIX
Papier | Fördert gute Waldnutzung
FSC® C083411

Zeitfracht Medien GmbH
Ferdinand-Jühlke-Straße 7
99095 Erfurt, Deutschland
produktsicherheit@kolibri360.de